数字化转型成熟度评估

中国电子信息行业联合会◎主编

人民邮电出版社

北　京

图书在版编目（CIP）数据

数字化转型成熟度评估 / 中国电子信息行业联合会
主编. -- 北京：人民邮电出版社，2024.3
数字化转型贯标培训教材
ISBN 978-7-115-63908-0

Ⅰ．①数… Ⅱ．①中… Ⅲ．①数字技术－教材 Ⅳ.
①TP3

中国国家版本馆CIP数据核字(2024)第050512号

内 容 提 要

本书介绍了数字化转型贯标的工作背景和试点工作安排，制造业数字化转型的时代背景、基本概念、主要模式，详细解读了《数字化转型 成熟度模型》标准，并对数字化转型成熟度贯标的推进机制、贯标实施流程、评估内容和贯标评估方法进行了重点介绍，力求使读者系统地了解我国数字化转型发展的现状，掌握数字化转型的推进方法和演进规律，明确数字化转型的发展方向和未来趋势。

本书适用于推进数字化转型工作的各级政府、行业协会、贯标咨询机构、贯标评估机构和制造业企业，以及对我国数字化转型发展感兴趣的人士阅读。

◆ 主　　编　　中国电子信息行业联合会
　　责任编辑　　孙馨宇
　　责任印制　　马振武

◆ 人民邮电出版社出版发行　　　北京市丰台区成寿寺路 11 号
　　邮编　100164　　电子邮件　315@ptpress.com.cn
　　网址　https://www.ptpress.com.cn
　　固安县铭成印刷有限公司印刷

◆ 开本：787×1092　1/16
　　印张：9.5　　　　　　　　　　2024 年 3 月第 1 版
　　字数：191 千字　　　　　　　2024 年 3 月河北第 1 次印刷

定价：69.90 元

读者服务热线：**(010)81055493**　印装质量热线：**(010)81055316**
反盗版热线：**(010)81055315**
广告经营许可证：京东市监广登字 20170147 号

丛书序

党中央、国务院高度重视制造业数字化转型。党的二十大报告提出"推进新型工业化""促进数字经济和实体经济深度融合"。2020年6月30日，中央全面深化改革委员会第十四次会议审议通过了《关于深化新一代信息技术与制造业融合发展的指导意见》，会议强调要提升制造业数字化、网络化、智能化发展水平，这为实施制造业数字化转型行动，推动两化深度融合提供了根本遵循。

为深入贯彻党的二十大精神，落实《关于深化新一代信息技术与制造业融合发展的指导意见》《"十四五"信息化和工业化深度融合发展规划》《制造业数字化转型三年行动计划（2021—2023年）》工作任务，进一步释放标准对于数字化转型的支撑引领作用，工业和信息化部信息技术发展司基于两化融合管理体系贯标的成功经验和工作基础，按照"急用先行、成熟先上"的总体思路，遴选产业急需的标准项目开展数字化转型贯标工作，以贯标为牵引，系统提升制造业数字化转型水平，赋能新时代新型工业化发展。

为推动数字化转型贯标工作有序开展，工业和信息化部信息技术发展司联合相关部属单位、标准化技术组织等组建成立数字化转型指导委员会，并推动在中国电子信息行业联合会成立数字化转型贯标工作委员会和数字化转型贯标专家委员会。同时，围绕目前从事数字化转型的制造业企业和工业互联网平台建设运营企业两类主体的转型需求，组建数字化转型成熟度贯标推进工作组和工业互联网平台贯标推进工作组，分别负责数字化转型成熟度贯标和工业互联网平台贯标工作。其中，数字化转型成熟度贯标推进工作组依据《数字化转型 成熟度模型》（T/AIITRE 10004—2023），组织开展数字化转型成熟度标准宣贯和普及推广工作，由国家工业信息安全发展研究中心担任组长单位；工业互联网平台贯标推进工作组依据《工业互联网平台 企业应用水平与绩效评价》（GB/T 41870—2022）和《工业互联网平台选型要求》（GB/T 42562—2023），组织开展工业互联网平台标准宣贯、贯标应用和普及推广工作，由中国电子技术标准化研究院担任组长单位。

  本套教材是数字化转型贯标工作的培训材料，适用于推进数字化转型工作的各级政府、行业协会、贯标咨询机构、贯标评估机构及制造业企业，力求使读者系统了解我国数字化转型发展的总体现状，掌握数字化转型的推进方法和演进规律，明确数字化转型的发展方向和未来趋势，以标准为抓手，通过贯标支撑战略规划落地、凝聚转型推进合力、服务产业转型升级，助力新时代新型工业化发展。

  由于时间有限，本套教材仍有不足之处，恳请广大读者批评指正。

中国电子信息行业联合会

2023 年 12 月

前　言

推动制造业数字化转型，是把握第四次工业革命机遇的本质要求，是影响全球制造业格局走向的重要变量，也是推进新型工业化的关键路径，对加快制造业高质量发展具有重大意义。标准是凝聚共识、沉淀经验、助推成果转化、深化行业管理的有效手段。推进数字化转型贯标是落实党中央、国务院相关战略部署的顺势之举，也是持续发挥标准引领作用、破解企业数字化转型急难问题的金石之策。

当前，我国数字化转型仍处于探索深耕的关键时期，社会各界推进数字化转型普遍存在"有需求无门径""启动易落地难"等问题。开展数字化转型成熟度贯标工作，以成熟度模型为依据、以标准贯彻为抓手，有利于社会各界统一转型发展共识、精准定位发展阶段、把握转型升级规律，科学谋划数字化转型发展路线图，为系统推进数字化转型提供有力抓手。

本书总结了数字化转型成熟度贯标推进工作的理论成果、做法经验、实操流程，共分为6章，具体内容如下。

第一章：制造业数字化转型。本章重点介绍了推动制造业数字化转型工作的宏观环境，以及制造业数字化转型的相关规律、本质和核心理念；系统阐述了数字化管理、平台化设计、网络化协同、智能化制造、个性化定制、服务化延伸六类新模式的内涵与外延。

第二章：《数字化转型 成熟度模型》标准解读。本章基于《数字化转型 成熟度模型》（T/AIITRE 10004—2023）的核心内容，介绍了数字化转型成熟度模型的来源、内容框架、评价域、等级，以及与两化融合管理体系之间的关系等内容。

第三章：数字化转型成熟度贯标推进体系。本章着眼于数字化转型成熟度贯标推进体系建设，介绍了数字化转型贯标工作背景、整体工作安排，以及数字化转型成熟度贯标推进机制。

第四章：数字化转型成熟度贯标星级评估框架及要点。本章总体介绍了数字化转型成熟度评价域、数字化转型成熟度评估星级划分依据、数字化转型成熟度评估星级关键特征，分类汇总了各成熟度星级的评估要点及细则。

第五章： 数字化转型成熟度贯标实施流程。本章聚焦于数字化转型成熟度贯标实操，分别阐述了贯标启动阶段及贯标实施阶段的贯标实施流程，给出了贯标工作实施建议规范。

第六章： 数字化转型成熟度贯标评估服务方法。本章重点介绍了数字化转型成熟度贯标星级评估实操，详细阐述了数字化转型成熟度贯标星级评估流程和方法，给出了贯标星级评估工作实施建议规范。

通过本书，希望各位读者能够高效地厘清数字化转型成熟度贯标的基本脉络，了解数字化转型成熟度贯标的推进体系和方法，理解贯标支撑战略规划落地、凝聚转型推进合力、服务产业转型升级的关键规律。由于时间和水平有限，疏漏之处在所难免，恳请读者批评指正。如有问题咨询，敬请联系数字化转型贯标工作委员会秘书处。

目 录

第一章　制造业数字化转型

一、制造业数字化转型的时代背景

（一）党中央高度重视制造业数字化转型

党的二十大报告提出"推进新型工业化，加快建设制造强国、质量强国、航天强国、交通强国、网络强国、数字中国""促进数字经济和实体经济深度融合"。《中华人民共和国国民经济和社会发展第十四个五年规划和 2035 年远景目标纲要》（以下简称"十四五规划"）提出"以数字化转型整体驱动生产方式、生活方式和治理方式变革"。当前，制造业数字化转型已经成为抢抓新一轮科技革命机遇、推动新一轮产业变革的关键环节，对于建设现代化产业体系、巩固壮大经济根基、构建新发展格局等，具有极为重要的战略意义。2018 年 11 月 30 日，在二十国集团领导人第十三次峰会上，习近平主席指出"世界经济数字化转型是大势所趋，新的工业革命将深刻重塑人类社会"。2020 年 6 月 30 日，中央全面深化改革委员会第十四次会议召开，会议强调，加快推进新一代信息技术和制造业融合发展，加快工业互联网创新发展，加快制造业生产方式和企业形态根本性变革，提升制造业数字化、网络化、智能化发展水平。2021 年 10 月 18 日，习近平总书记在中共中央政治局第三十四次集体学习时强调，要把握数字化、网络化、智能化方向，推动制造业、服务业、农业等产业数字化。2022 年 1 月 25 日，习近平总书记在中共中央政治局第三十六次集体学习时进一步强调"要下大气力推动钢铁、有色、石化、化工、建材等传统产业优化升级，加快工业领域低碳工艺革新和数字化转型"。

（二）制造业数字化转型已成为国际共识

当前，新一轮科技革命和产业变革正在重塑全球经济结构，世界主要国家纷纷以产业特别是制造业数字化转型为重要抓手，不断加强对全球产业发展和经济秩序的影响力。

2012年2月，美国发布了"先进制造业国家战略计划"；2013年4月，德国推出了"工业4.0战略"；2013年10月，英国制定了"英国工业2050战略"；2015年5月，法国颁布了"新工业法国"计划的升级版——"未来工业"计划；2016年1月，日本在《第五期科学技术基础计划》中，提出了超智能社会5.0战略；2017年7月，我国发布了"新一代人工智能发展规划"。

（三）我国加快推动制造业数字化转型

我国拥有门类最齐全、配套最完备、覆盖最广泛的制造业体系。2012—2022年，我国制造业增加值从16.98万亿元增加到33.5万亿元，占全球比重从22.5%提高到近30%。2004—2022年我国制造业增加值如图1-1所示。但我国制造业发展仍然面临利润低、成本高、低端过剩和高端供给不足等挑战，"大而不强"现象依然存在，制造业数字化转型需求迫切。

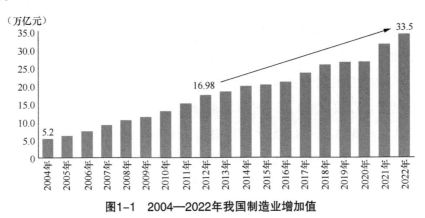

图1-1　2004—2022年我国制造业增加值

1. 数字化转型的技术产业基础日益坚实

数据成为新型生产要素。近年来，全球数据量增长迅猛，预计2025年全球数据量增速达到30%，中国数据量增速超过20%。此外，人工智能、区块链和5G等新一代信息技术的迅速发展为数字化转型奠定了良好基础。其中，人工智能技术可应用在产品研发、工程和工艺设计、加工制造、故障诊断、产品状态监测、个性化增值服务等全流程；区块链技术可实现基于分布式网络的供应链协同生产，以及以区块链为基础的供应链金融，还可促进原材料、中间品和产品溯源；5G技术可在典型场景实现率先应用，如协同研发设计、远程设备操控和设备协同作业等。

2018—2024年中国及全球数据量如图1-2所示。

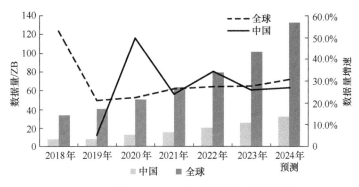

图1-2　2018—2024年中国及全球数据量

2. 我国制造业数字化转型政策体系不断完善

近年来，我国推动制造业数字化转型战略部署的顶层设计不断强化，政策体系日趋完善。关于制造业数字化转型的部分重点政策如图1-3所示。在相关政策的引领下，各地政府因地制宜出台多项配套政策，推动制造业转型升级，制造业数字化转型政策布局加速完善。

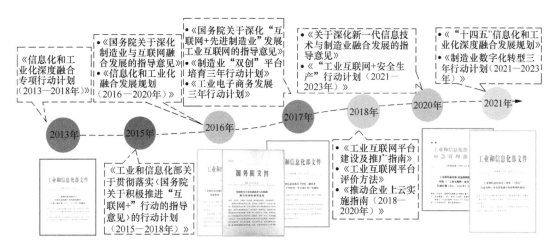

图1-3　关于制造业数字化转型的部分重点政策

总的来说，制造业数字化转型是产业数字化的核心，是互联网、大数据、人工智能和区块链等新一代信息技术与制造业融合的过程，也是信息化和工业化深度融合的过程。可以说，数字化转型是坚持走中国特色新型工业化道路的必然要求，是实现制造业数字化、网络化和智能化的必然选择。

二、制造业数字化转型的基本概念

（一）制造业数字化转型的相关规律

1.产业发展演进规律

从产业发展演进规律来看，人类经历了以机械技术、电气技术和信息技术为标志的三次工业革命，目前正在进行第四次工业革命。历次产业变革，在主导技术、管理模式、生产方式、产品供给和服务模式方面呈现出不同的水平与状态，详见表1-1。

表1-1　产业发展演进规律

	第一次工业革命	第二次工业革命	第三次工业革命	第四次工业革命
主导技术	机械技术	电气技术	信息技术	新一代信息技术
管理模式	经验式	规范化、标准化	集团式、信息化	数字化、网络化、智能化
生产方式	机械化生产	流水线的规模化、标准化生产	大规模标准化生产	大规模、网络化、个性化生产
产品供给	单一功能产品	标准化产品	数字化产品	智能化产品
服务模式	基于经验的现场服务	标准化的现场服务	以线下为主、线上为辅的标准化服务	线上线下协同的一体化服务

主导技术由机械技术向新一代信息技术升级。第一次工业革命以机械技术为引领，以热能为新动力，以机械传动、机械加工和机械材料为典型技术。第二次工业革命以电气技术为引领，以电能为新动力，以电气控制、电气驱动和电机电气为典型技术。第三次工业革命以信息技术为引领，核能成为新动力，以计算机、微电子、信息通信、传感和软件为典型技术。第四次工业革命以新一代信息技术为引领，数据成为新动力，以互联网、大数据、云计算、人工智能和区块链为典型技术。

管理模式由经验式向数字化、网络化、智能化演进。第一次工业革命，工厂成为典型企业形态，形成直线型组织形式，实行经验式管理，实现了初步分工。第二次工业革命，公司成为典型企业形态，形成科层制组织形式，实行规范化、标准化管理，实现了专业化分工协作。第三次工业革命，集团成为典型企业形态，形成矩阵式组织形式，实行基于信息化的精益管理，实现了流程化、一体化的协同分工。第四次工业革命，平台成为典型企业形态，形成扁平化组织形式，实行基于新一代信息技术应用的数字化、网络化、智能化管理，实现了社会化分工协作。

生产方式由机械化生产向大规模、网络化、个性化生产转型。第一次工业革命，机器生产代替手工劳动，实现机械化生产，手工绘图成为主流的设计方式，机械设备和机械材料成为关键生产要素。第二次工业革命，电力设备成为主要生产工具，实现流水线的规模化、标准化生产，机械制图成为主流的设计方式，电气设备成为关键生产要素。第三次工业革命，计算机控制的生产线成为主要生产手段，形成产业链和供应链，实现大规模标准化生产，计算机辅助设计（CAD）成为主流的设计方式，信息技术和数控设备成为关键生产要素。第四次工业革命，新一代信息技术用于配置生产资源，形成产业网络和供应网络，实现大规模、网络化、个性化生产，平台化设计成为主流的设计方式，数据和智能设备成为关键生产要素。

产品供给由单一功能产品向智能化产品升级。第一次工业革命，产品功能单一，开展经验式的产品质量管理，产品的技术参数和规格没有标准化，不能对产品性能的一致性、可靠性和稳定性做出明确要求。第二次工业革命，产品具备传感、控制等功能，实现了产品标准化，开展规范化的科学质量管理，保证产品技术参数、规格与标准基本符合，可对产品性能的一致性、可靠性和稳定性做出明确要求。第三次工业革命，产品具备信息感知、远程控制和自动交互等功能，实现了产品数字化，开展覆盖产品全生命周期的全面质量管理，保证产品技术参数、规格与标准精准符合，可对产品的一致性、可靠性和稳定性做出量化要求。第四次工业革命，产品具备自学习、自决策、自控制、自优化和人机智能协作等功能，实现了产品智能化，开展基于工业互联网平台的智能质量管理，保证产品技术参数、规格与标准互动改进，产品的一致性、可靠性和稳定性可实现迭代优化。

服务模式由基于经验的现场服务向线上线下协同的一体化服务转变。第一次工业革命，开展基于经验的现场服务，服务响应时间长，服务成本高。第二次工业革命，开展标准化的现场服务，服务响应时间较长，服务成本较高。第三次工业革命，建立了以线下为主、线上为辅的标准化服务体系，实现了用户需求的快速响应，服务成本较低，大幅提升了用户满意度。第四次工业革命，建立了线上线下协同的一体化服务体系，实现了用户需求的实时响应与智能服务，开展设备远程运维、故障预测和健康管理等增值服务。

2. 技术产业融合发展规律

制造业数字化转型是推动数字技术与实体经济深度融合发展的过程。随着新一代信息技术与产业的交叉融合，产业发展和结构演变呈现出新的共性规律，产业边界日益模糊、制造业服务链加速延伸、软件与硬件持续融合、闭源与开源的创新理念相互碰撞。

一是第一、二、三产业加速融合。产业融合是指在时间上先后产生、结构上处于不同层次的农业、工业、服务业在同一产业链、产业网中相互渗透、相互包含、融合共生的经济增长方式。在新一代信息技术的驱动下，产业的渗透、交叉和重组，促使第一、二、三产业的生产方式、企业形态和商业模式上不断趋同。**一方面产业链加速延伸**，第一、二、三产业渗透融合的路径已经产生，传统农业向农产品加工业、农村服务业演进发展，传统制造业向咨询服务业、生产性服务业升级的趋势明显。**另一方面产业范围加速拓展**，产业融合发展的新技术、新模式、新业态持续涌现，农业旅游、工业电子商务、工业物流服务成为产业转型升级的新热点。

二是产品和服务加速融合。互联网时代，市场从产品价格主导消费向价值消费与体验消费升级，用户体验成为产品价值认同的决定性因素之一。例如，通过提升用户黏性以口碑营销形式获取经济社会效益成为一种新的商业运作模式，用户体验的过程在很大程度上决定了供给侧的价值。在此背景下，制造和服务之间的界限越来越模糊，市场需求正从产品导向向产品服务导向转变，制造业企业从单纯提供产品向提供"产品＋服务"转变。**融合主体日趋广泛。**产品和服务融合不是始于今天，但两者的融合对于制造业而言从来没有像今天这样广泛、深入和彻底。产品和服务融合正在演变成制造业头部企业的共同战略和群体行为，制造业头部企业大多已成功转型为服务型制造业。无论是 IBM、卡特彼勒等国际巨头，还是陕鼓、徐工等国内领先企业，均从单纯的制造业企业向"制造业企业＋服务商"转型，为用户提供多元化增值服务，以提升企业的利润空间。**融合业态日渐多元。**当前，新一代信息技术融合应用不断丰富服务手段和形态，服务和产品如影随形，服务活动以各种形态贯穿到产品全生命周期的各个环节，融入产品设计、生产过程、流通交付、维护管理和价值提升的方方面面。**融合价值持续凸显。**产品和服务融合是全球制造业价值链的主要增值点，是国际产业竞争的焦点，也是制造业企业走向高端的战略必争领域。打造产品的多元服务价值已成为制造业企业转型升级的重要支点，也是我国产业链价值链提升的必由之路。

三是软件和硬件加速融合。软件是互联网、大数据和人工智能等新一代信息技术的灵魂，随着新一代信息技术与产业的深入融合，软件产业的重要作用日益凸显，"重硬轻软"的发展趋势逐渐向"软硬并重"转变。**一方面，工业软件与生产设备加速融合。**软件产业紧随全球产业发展脉动，步入加速创新、加速迭代、群体突破的新时期，产品形态不断丰富，应用领域快速扩展，软件和硬件融合发展呈现新格局。工业软件通过与生产设备、生产设施等物理世界的互联互通，成为整个智能系统的一部分，实现数字化、网络化和智能化的生产模式，推动软件技术充分应用于制造业生产经营的各个环节。**另一方面，工业软件与产品加速融合。**随着人工智能、大数据和区块链等新一代信息技术的推广应用，企业生产对象从功能产品向智能互联产品演进，硬件通用化、软件个性化成为趋势。使用工业软件远程采集产品的数据壁垒，可实现远程运维和预测性维护，打通消费和生产、服务和制造之间的数据，重塑产品功能与性能，提升产品质量、使用效率与用户体验，并促进以智能产品为核心的服务生态。

四是开源和闭源加速融合。 开源软件的蓬勃发展不仅有力支撑着软件产业的创新发展，也持续推动着新一代信息技术领域的整体格局演进。随着开源技术和商业模式的不断成熟，开源模式逐步颠覆了传统的闭源创新生态，并与闭源模式加速融合。**一方面，"开源 + 闭源"的组合商业模式蓬勃发展。** 众多头部企业调整商业策略，通过开源社区汇聚智慧与力量，研发建设通用组件模块，以节省研发资金、激发创新活力，同时利用内部闭源方式开发核心模块、实现特色功能，以提升技术产品的可靠性和安全性。与此同时，头部企业会利用部分产品收益反哺开源社区和第三方开发者，以实现头部企业与社会创新力量的互促共赢。**另一方面，开源模式成为达成闭源优势的必要手段。** 闭源的本质是垄断。以华为、谷歌等为代表，部分领先企业探索建设开放式技术创新平台，培育低门槛、广覆盖、有活力的创新生态系统，持续拓展开发者和消费者群体，支持全球开发者通过开源社区进行技术开发、维护和完善，吸引广大消费者通过终端开展技术导入、应用和优化，从而加速其核心技术创新突破和传播推广，充分释放其平台效应、网络效应和规模效应，以打造并巩固其技术领先地位和产品竞争优势。

（二）制造业数字化转型的本质

1. IT 与 OT 融合

IT 与 OT 融合是制造业数字化转型的重要动力。IT 是新一轮科技革命中研发投入最集中、创新最活跃、应用最广泛和辐射带动作用最大的技术创新领域，具有高渗透性、高倍增性、高带动性和高创新性等特点。IT 与 OT 的融合为传统制造业插上信息化的翅膀、注入数字化的基因，能够深刻改变产业结构、技术经济模式、生产制造方式和组织管理体系，加速推动传统制造业数字化转型。与此同时，IT 与制造、能源、材料等技术加速融合，带动分布式能源、智能材料、柔性电子和增材制造等交叉领域蓬勃发展，孕育出工业互联网、能源互联网和新材料等新兴产品和业态，整体提升我国制造业创新发展的速度和质量。

2. 资源要素变革

资源要素变革是制造业数字化转型的驱动引擎。历史经验表明，每一次经济形态的重大变革，必然催生也必须依赖新的生产要素。劳动力和土地是农业经济时代新的生产要素，资本和技术是工业经济时代新的生产要素。进入数字经济时代，数据正逐渐成为驱动经济社会发展的关键生产要素和新引擎。数据资源具有可复制、可共享、无限增长和无限供给等特点，能够打破传统要素有限供给对增长的制约，为持续增长和创新发展提供了新的可能。通过深度挖掘工业数据的潜在价值，不断提高数据流、物资流和资金流集成协同能力，充分发挥数据对传统生产要素的叠加、聚合和倍增效应，打造泛在连接、全局协同、智能决策的新型制造体系，可促进制造业全要素生产率和核心竞争力的大幅提升，为制造业数字化转型提供重要动力。

3. 生产方式重构

生产方式重构是制造业数字化转型的重要组成部分。当前，随着产品分工日益细化，产品复杂程度日趋提升，技术集成的广度和深度大幅拓展，依靠单个企业、单个部门无法覆盖企业的创新和生产活动。当前，网络化协同的生产方式正成为制造业数字化转型的必然选择，每一次生产方式的重构都以生产效率的提升作为目标。随着新一轮科技革命和产业变革，新一代信息技术引领生产方式由线性链式向协同并行转变，带动"人、机、料、法、环"等资源要素的泛在连接、汇聚整合和按需供给，其不仅通过资源的优化配置，带来了成本下降、产量提升和质量改进等生产效率的单点提升，更重要的是通过价值模型的重塑，极大拓展了生产效率优化的范围，构建了资源共享、业务协同和互利共赢的新型制造网络，实现了生产效率的整体提升。

4. 企业形态转型

企业形态转型为制造业数字化转型注入源源不竭的内在动力。企业形态是企业商业模式、经营管理模式、生产组织模式和服务模式等的具体承载与体现。随着生产力、生产关系的持续变化，企业形态不断进行着"平衡—发展—突变"的演化。在数字经济的时代背景下，企业形态正朝着扁平化、网络化和自组织的方向发展，通过跨企业的业务流程体系、充分的员工赋权及精准的绩效激励，可突破企业边界和规模，形成以激发人的创造性为导向的自组织和价值网络，从高度集中的决策中心向分散的多中心组织转换，强化企业内部、企业之间，以及企业与用户之间的资源整合和业务协同，从而最大程度地满足用户的需求，提高可持续发展的能力。

5. 业务模式创新

业务模式创新是制造业数字化转型的直接体现。传统的企业模式优化着重于借助信息系统将已有业务从线下迁移到线上，利用信息技术提高效率、降低成本。而数字化转型背景下的企业模式创新则强调通过新一代信息技术与业务的全方位、多层次深度融合，重塑企业的业务架构。近年来，数字化管理、平台化设计、网络化协同、智能化制造、个性化定制和服务化延伸等一批基于平台的创新模式层出不穷，推动企业生产方式、组织模式和商业范式深刻变革，实现更大范围的资源配置、更高效率的协作分工和更高价值的创造实现。融合发展新模式为制造业企业数字化转型注入了新动能，明确了制造业企业创新发展的方向，成为制造业高质量发展的重要潮流和趋势。

（三）制造业数字化转型的核心理念

制造业数字化转型是一项涉及战略调整、能力建设、技术创新、管理变革和模式转变等多种创新的复杂系统工程，由数据、软件、模型、平台和价值绩效等多种元素构成。推进制造业数字化转型，需以数据为核心要素，以软件为主要工具，以工业互联网平台为基础支撑，以数字化、网络化、智能化为发展方向，以价值提升为终极目标。因此，制造业数字化转型的核心理念主要包括数据驱动、智能主导、软件定义、平台赋能和服务增值，如图1-4所示。

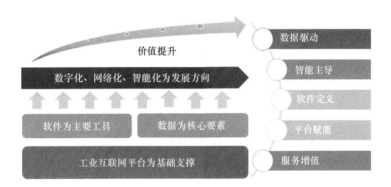

图1-4 制造业数字化转型的核心理念

1.数据驱动

数据驱动是指通过整合和提炼数据施加"外力"，辅助决策和行动。数据驱动集中体现在用数据说话、用数据决策、用数据管理、用数据创新和用数据赋能等方面。例如，利用电子病历数据库，通过历年数据积累，在电子病历和健康档案中记录患者的健康状况，并通过数据分析个人的身体状况，提醒就医时间，在就医时，医生可以非常便利和准确地了解既往的就医记录；制造业企业通过跟踪产品及零部件供应链的实时数据，可及时调整生产计划，降低库存，减轻企业的资金压力。

海量数据资源在数字化转型过程中的价值愈加凸显。与传统的土地、劳动力和资本等要素的稀缺性和易耗性不同，数据资源具有可复制、可共享、无限增长和无限供给等特点，越使用价值越大。一方面，数据是数字化转型的"石油"，是新型"燃料"，数据流动（石油燃烧）产生动力，动力带来价值，数据的流动带动技术流、物资流、人才流和资金流的集成协同，发挥叠加、聚合和倍增效应，加快制造业数字化转型的步伐。另一方面，数据是数字经济时代的"钻石矿"，通过挖掘提炼产生价值，体现在通过多维度、多领域数据揭示单一数据无法展示的规律，增加确定性、可追溯性、可预判性，降低风险，实现用数据说话、用数据决策、用数据管理、用数据创新和用数据赋能。

2. 智能主导

智能主导的本质是以智能化引领制造业数字化转型。万物互联、深度学习、人工智能、虚拟现实、量子计算等新一代信息技术共同驱使人类智能迈向更高境界，引发多领域的系统性、革命性和群体性技术突破，将制造业带入一个感知无所不在、连接无所不在、数据无所不在的新时代，带入一个独立要素可不断整合为小智能系统、进一步实现小智能系统不断融入大智能系统、大智能系统不断演进为超级复杂智能系统的新时代，从而引领制造业创新发展。

智能主导强调局部优化向全局优化转变。如果说自动化是单点、低水平和有限的资源优化，那么智能化就是多点、高水平和全局的资源优化。智能化的核心是以网络空间的信息流优化物理世界全要素、全价值链、全产业链的资源配置效率。其中，最具代表性的结果是实现智能制造与智能产品：从智能制造来看，智能主导强调推动生产管理与生产制造的全面自感知、自优化、自决策和自执行，实现生产设备、生产线、车间及工厂的智能运行；从智能产品来看，智能主导强调产品逐渐从功能性向智能性演进，形成可实现泛在感知、智能响应和自我优化等功能的智能产品。

3. 软件定义

定义是对事物的本质特征或概念内涵和外延的说明。对产品来说，定义通常是指产品的功能。**软件定义是指利用软件程序对产品赋予应用功能和使用价值，满足用户日益复杂的多样化需求。**例如，通常情况下，智能手机每增加一个 App，就增加一项功能，这时就要对智能手机重新定义。智能手机既是传统的无线电话，也是计算器、照相机、电视机、录音机、镜子、导航仪、指南针、游戏机、公交卡和信用卡等产品的集成，上述功能均由软件实现，即"软件定义手机"。同样，数控机床每增加一个软件，就增加一项功能，就要对数控机床重新定义。目前，软件定义的理念已得到广泛的实践。例如，"软件定义网络""软件定义制造""软件定义服务"等。基于软件定义的理念，一方面是在产品硬件受限的条件下，尽可能用软件去拓展产品的功能，实现功能最大化、价值最大化；另一方面也是要不断用软件去替代硬件的功能，实现硬件技术软件化，降低产品成本，增加灵活性和扩展性。

新一代信息技术的发展离不开软件技术的进步与推动。互联网通过软件实现信息的分享、互动、虚拟和服务，其中工业互联网平台本质是工业操作系统，其应用服务层的核心是工业 App。云计算通过底层资源虚拟化、平台资源调度等软件技术，实现对大规模计算资源和存储资源的整合。大数据从数据的采集、存储与管理，到挖掘、分析、应用、运维及交易，均是以软件产品或服务的方式来落地的。人工智能的核心是软件开发框架，实现对智能算法的封装、数据的调用，以及计算资源的分配使用。区块链的本质是一种分布式数据库软件，具有分布式记账、点对点组网、非对称加解密、数字签名和智能合约等软件技术。数字孪生以数字化方式复制物理对象，模拟物理对象在现实环境中的行为，对产品、制造过程乃至整个工厂进行虚拟仿真，使企业能够感知设备的实时状态，及时预测和诊断问题，这一过程实际上就是硬件、知识和工艺流程的软件化，进而实现软件的平台化。

软件定义已经成为制造业数字化转型的关键支撑。从生产全产业链来看，软件正深刻改变着研发设计、生产制造和企业管理环节。制造业的数字化、网络化、智能化实质就是制造业的软件化。在研发设计方面，制造业企业利用数字孪生技术，可直接在数字空间进行模拟，实现更加便捷的设计，改变了过去要先造一个模具的方式。在生产控制方面，软件技术全面融入生产制造全过程。例如，西门子德国安贝格利用工业软件进行生产控制，实现多品种工控机的混线生产，产品合格率高达 99.99%。在企业管理方面，各类管理软件成为提升企业管理能力的关键，其本质是管理理念和方法的软件化。世界一流企业在软件化发展方面，都将管理软件作为重中之重。

4. 平台赋能

平台是数字经济时代协调和配置资源的基本经济组织，是价值创造和价值汇聚的核心。平台新主体快速涌现，商贸、旅游、交通和工业等垂直细分领域平台企业发展迅猛。从特征上看，平台是"双边市场"，不仅直接提供产品和服务，还为供需双方提供"交易场景"。平台价值创造的根本在于对用户数据的采集、传输、处理和分析，并基于算法推荐，最终实现供需双方的精准匹配。

平台从商业领域向制造业领域扩展，成为制造业数字化转型的关键支撑。当前，平台加速向制造业领域扩展渗透，促进工业生产分工协作方式从线性分工向网络化协同转变。未来，制造业之争是平台之争，谁掌控了平台，谁将拥有规则的制定权、标准的话语权和生态的主导权，也将抢占到制造业竞争的制高点。作为平台经济最活跃的新业态，工业互联网平台不断汇聚工业企业，并撮合应用开发者和企业用户之间交互，构建一个网络化的工业生产协作生态，实现数据资源、制造资源、设计资源等的汇聚整合和高效利用，驱动规模经济向范围经济转变，传统的单品种、大批量、标准化的生产方式向多品种、小批量、个性化、定制化的生产方式转变。

5. 服务增值

制造业服务化的过程，是企业竞争优势重塑的过程。 我国制造业长期以加工制造为主，处于价值链的中低端，加快从传统单一的制造环节向两端延伸，提高产品附加值是我国产业高端化发展的关键。随着新一代信息技术在制造、服务环节的应用协同，制造业服务化趋势愈加明显，从提供产品向提供"产品＋服务"快速转变。越来越多的制造业企业围绕产品全生命周期的各个环节，不断将能够带来商业价值的增值服务融入其中，推动原有制造业业务向价值链高端迈进。

制造业数字化转型加速服务链延伸，为制造业带来新增价值。 在制造业数字化转型的过程中，制造业企业充分发挥互联网无缝连接用户的优势，以提升用户体验为目标，借助移动互联网、物联网、虚拟现实和人工智能等技术实现远程运维、互动营销、产品追溯和虚拟体验等多种增值服务，加速从卖产品向卖服务转变。随着新一代信息技术与制造业融合深度与广度的持续拓展，制造业的价值链将日趋延展、服务范围持续扩大、服务方式日益多样，这不仅为制造业带来更多的新增长点和附加价值，也为用户提供更全面、更便捷和更灵敏的增值服务。

三、制造业数字化转型的主要模式

当前，以互联网、大数据和人工智能为代表的新一代信息技术正加速向传统制造业的各个领域渗透，数字化管理、平台化设计、网络化协同、智能化制造、个性化定制和服务化延伸基于工业互联网平台蓬勃发展，六类新模式紧密关联、相互影响，逐渐成为制造业数字化转型水平与成效在产业层面的具体体现和衡量依据。其中，数字化管理是制造业数字化转型的基础，平台化设计、智能化制造和服务化延伸是聚焦于产品全生命周期中的设计、生产和服务3个不同环节的业务模式变革，网络化协同和个性化定制是贯穿于产品全生命周期的模式转型。

（一）数字化管理

1. 数字化管理是什么

传统的企业管理模式大多基于企业管理者的知识经验和企业的运行规则，协调管控企业业务活动的开展。数字化管理是指企业打破企业内外部"数据孤岛"，基于海量数据的融通汇聚和分析挖掘，优化战略决策、产品研发、生产制造、经营管理和市场服务等业务活动，构建数据驱动的高效运营管理新模式。

实施数字化管理，重点是构建形成完整的数据贯通体系，通过大数据分析来辅助决策创新企业的运营模式，提高企业业务链的资源整合效率，持续完善数据应用生态，充分发挥数据要素的价值。

2. 数字化管理为何能够实现

企业已经具备数字化管理的基础。

一是互联网打通了部门、企业之间的信息沟通壁垒。互联网技术在企业的应用，为企业搭建了便捷、高效的信息渠道，企业数据可以全面汇聚与统一管理。

二是大数据、人工智能技术促使企业管理决策更加科学高效。通过数据，再结合机器学习算法等为企业提供决策支撑，提升了企业的综合决策水平。同时节省了人工管理的时间、降低了决策成本，提升了企业经营管理的效率。

三是区块链技术让基于数据的可溯性管理成为可能。通过应用易解析、易识别的数据标识，提升了复杂数据的可追溯性，将智能合约作为不易篡改的规则，基于高度可信的方式进行数据自主更新，提高了数据管理的效率。

3. 问题分析

一是数据资产未能充分利用。当前，企业的数据规模呈指数级增长，海量数据资源已成为企业发展的新兴生产要素。然而，当前有效利用数据进行创新实践的企业少之又少，企业数据在流通共享过程中存在诸多"堵点"，数据分析利用不充分，制约了数据在支撑决策、驱动运营和优化创新等方面的价值发挥。

二是传统业务流程复杂烦琐。当前市场环境的不确定性显著增强，然而传统业务流程烦琐，端到端的业务流程存在断点，跨部门、跨环节的业务协作分工存在壁垒，流程执行效率低，无法做到实时动态管理和迅速响应市场需求。

三是企业组织模式协同管理效率偏低。当前，多数企业组织体系层级复杂，跨部门、跨层级、跨企业的组织运行和沟通协调不畅，以价值创造为核心的人员赋能赋权体系尚未建立，社会化的智力资源和专业技能人才利用不充分。传统的科层制组织架构和协作方式造成企业内外部协同效率低，难以适应数字经济时代复杂多变的市场形势。

四是粗放的设备管理模式制约生产效率的提升。当前，多数制造业企业生产设备的全生命周期管理手段不足，设备资产寿命短，生命周期维护费用高，存在"设备孤岛"现象，现场设备无法与信息系统或管理平台的信息进行交互，运行状态难以实时监测，多源异构设备的协同运行调度效率低，很难满足平稳、安全、连续和节能的生产运行要求。

4. 数字化管理怎么干

企业发展数字化管理模式，应打通企业数据链，利用数字化手段优化业务流程、完善组织结构，提升运行管理效率，形成数据驱动的高效运营管理模式。

一是构建企业业务活动全过程数字孪生体。一方面，企业要依托工业互联网平台，采集和汇聚研发设计、生产制造、用户服务、经营管理等活动产生的业务数据，并开展数据云端存储、主数据管理、数据标准化、数据质量管理、数据分级分类管控和安全维护等基础工作，在虚拟空间打造企业业务活动的"数字双胞胎"，形成格式统一、可计算和可分析的业务数据链条。另一方面，企业要结合业务逻辑和工业知识机理开发数据模型，并在研发、生产、经营和服务等业务活动中部署应用，构建企业级或行业级工业知识图谱，以数据为驱动，提升企业科学管理、精准决策的水平。

二是优化适应数字化转型要求的企业业务流程体系。企业要以虚拟化技术为基础，基于企业业务活动全过程数字孪生体实现数据与业务的综合集成，通过全过程场景的虚拟化实现 IT 与 OT 的真正融合。运用流程规划设计工具、流程监测管理工具和运营管理云化软件等工具，开展业务流程分层分级规划与设计，构建完善的业务流程体系，实时监控业务流程的执行过程，评价分析流程的执行绩效，确保业务流程的有效执行。通过业务系统集成和云化改造，推动战略管理、市场营销、用户服务和供应链管理等业务上云，实现关键业务集成一体化运作。

三是重构面向数字化转型的企业组织架构。一方面，企业要优化组织架构，加强跨部门、跨层级、跨企业的组织协调沟通和业务协同运作，按需面向员工开放品牌、市场、供应商和渠道等资源，提供必要的技能培训和技术工具，构建面向全员的精准赋能和灵活赋权机制。另一方面，企业要依托工业互联网平台广泛连接社会化的创新创业资源，构建平台化、"去中心化"的开放价值网络，形成动态合伙人制、小微创新团队和众创空间等新型企业组织模式。

四是开展生产资源数字化管理。企业要基于工业互联网平台全面采集生产资源数据、解析相关协议，构建设备、制造单元、生产线、车间和工厂的数据模型，开展生产资源全生命周期规范化管理。通过建设完善的生产资源数据模型库、知识机理库和运维策略库，开展设备运行状态监控、生产调度优化、故障预警处置、能耗安全管理等活动，监测、评价和优化设备的运行效率、能耗、环保和安全等绩效状况，并基于平台开展跨企业的产能共享和协同生产，提升生产管控和创新应用的经济效益和附加价值。

5. 数字化管理的典型成效

数字化管理通过打通数据链，实现覆盖产品全生命周期的数据贯通，推动管理模式创新，切实提高了企业管理效率、企业决策的正确性和企业管理的可靠性。

一是提高了企业管理效率。 数字化管理将管理指令、程序和措施等系列管理行为标准化，破除部门间、企业间的管理壁垒，规避了冗余业务流程、减少了重复决策环节、缩短了业务流程周期，实现了执行指令在整体执行流程中快速可靠地传递，提高了管理效率和业务执行效率。

二是提高了企业决策的正确性。 通过持续采集企业研发、生产、物流等运营数据，实现基于数据的精准决策，助力企业敏锐捕捉市场变化、快速洞察业务堵点、精准锁定管控路径，有效确保企业决策路径科学、决策执行有效和决策效果可控。

三是提升了企业管理的可靠性。 数字化管理通过将企业业务流程标准化、精细化和可视化，助力企业基于数据及时预测企业内外部的管控风险，快速形成管理应急预案和风险处置措施建议，为企业平稳有序运行提供支撑。

（二）平台化设计

1. 平台化设计是什么

平台化设计是指企业依托工业互联网平台创新变革传统产品研发设计方式，实现高水平高效率的轻量设计、并行设计、敏捷设计、交互设计和基于模型的设计，提高企业的研发质量和效率。

开展平台化设计，重点是在云端构建产品研发的统一协同工作环境，发展平台化、虚拟化的仿真设计工具，实现无实物样机生产，推动设计和工艺、制造、运维一体化。

2. 平台化设计为何能够实现

数字经济时代，工业互联网平台、数字化仿真、人工智能和大数据等关键技术蓬勃

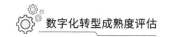

发展，构建覆盖数字化设计全流程的协同设计平台成为可能。

一是工业互联网平台为平台化设计提供基础支撑。通过将数据、模型、工具和人才等研发设计资源在工业互联网平台进行汇聚共享、统筹管理，支撑跨企业、跨部门多主体依托工业互联网平台开展协同设计。

二是数字化仿真、数字孪生赋能平台化设计。平台集成数字化仿真等功能组件为研发设计提供技术手段和软件工具，通过构建仿真模型、数字孪生体，实现高质量、高效率、低成本的研发设计。

三是大数据和人工智能技术驱动平台化设计迭代优化。大数据和人工智能技术的应用，使研发设计人员能够快速高效地找到产品设计参数的近似最优解，从而使设计结果更加优化。在众多关键技术的支撑下，平台化设计已成为企业变革传统设计方式、提高研发质量和效率的有效模式。

3. 问题分析

一是复杂产品设计环节一致性较差。复杂的大型装备产品设计往往是由多个企业分工完成的，不同企业受到空间、资源等多种因素的制约，设计连续性与协同性不够，数据一致性差，资源配置不合理，这将造成复杂产品各部分之间的兼容性差，制成品质量公差大，不能保证产品质量，最终导致企业研发耗资大、投资回报低。

二是产品研发设计成本高、周期长。在传统研发设计模式下，产品研发设计多采用实物验证，由于缺乏仿真设计的软件工具及平台，无法采用数字虚拟验证进行替代。实物验证对环境、仪器和人员等条件要求严格，需要投入大量的资金、人员和设备等，并且操作风险难以预测和把控，这导致企业的研发成本随实验次数的增加而不断提升，研发周期长。

三是设计与制造存在沟壑。部分制造业企业由于研发设计与生产制造之间缺乏信息共享与协同反馈，存在设计与制造脱节的现象：一方面是设计研发人员对制造难度、材料特性和工艺成本不够了解；另一方面由于工艺不成熟、流程不规范等，优质的研发设计成果缺乏成熟配套的关联生产技术。两者的信息传递存在滞后性，甚至经常出现传递错误的现象，这阻碍了设计与制造的同步进行及迭代优化。

4. 平台化设计怎么干

企业发展平台化设计模式，应以提升产品研发设计效率为目标，搭建规范化的协同设计平台，积极发展平台化仿真设计工具，并依托工业互联网平台推动设计制造一体化，构建完善的设计制造协同体系。

一是搭建规范化的协同设计平台。围绕产品研发设计，搭建标准化、模块化的协同设计平台，在云端构建统一协同的工作环境，集成仿真建模、测试验证和设计优化等相关功能组件和数据资源，基于工业互联网平台开展产品协同设计与优化，通过产品设计协同流程管理、协同文件管理、协同工具管理等，共享产品研发进度、图纸文件和测试情况等相关数据，实现研发设计过程中数据的流转、集成和贯通，提高产品设计质量和设计效率。

二是发展平台化仿真设计工具。自主研发并充分利用覆盖产品全生命周期各阶段的仿真设计工具，借助计算机辅助设计（CAD）、计算机辅助工程（CAE）、计算机辅助工艺设计（CAPP）等软件工具对复杂工程和产品的结构、性能、参数等进行仿真设计与优化，以降低产品的研发成本，实现对资源的预测性合理调度，并依托工业互联网平台对协同设计仿真任务、设计流程、并行过程进行统筹管理，以提高设计效率与质量水平，缩短新产品的研发周期，提升产品的竞争力。

三是推动设计制造一体化。通过工业互联网平台打通设计、制造和运维等环节，在共享产品全生命周期数据资源的基础上，将前期的产品设计与后期的工程设计集成，并行设计产品及其相关制造过程，对产品的结构、工艺、功能、性能和服务等要素进行一体化设计，构建完善的设计制造协同体系，以缩短产品的开发周期、减少试错成本、提高产品质量。

5. 平台化设计的典型成效

平台化设计以平台为依托，运用数字化仿真设计工具，开展协同研发设计，并推动设计制造一体化，实现设计与制造的协同匹配，在提高产品研发效率、节约研发设计成本的同时，保障了产品的质量和性能。

一是提升了产品研发效率。平台化设计通过提供一体化的集成工作环境及系统化的协同设计解决方案，缩短了复杂产品的研发时间，积累了可重用的知识，降低了研制成本，实现敏捷研发、高效工作。

二是减少了产品研发设计的实际投入。利用平台集成的数字化仿真功能组件在平台化虚拟环境下进行产品设计，开发三维数字样机，并依托平台开展数字化虚拟测试验证，在一定程度上代替了实物验证，有效降低了实物验证所需的成本投入和风险。

三是产品的质量和性能更有保障。平台化设计共享设计环节和制造环节的数据信息，保证研发设计和生产制造的数据信息匹配，有效避免了设计无法通过制造实现等脱节现象，更好地保障产品的质量和性能。

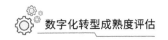

（三）网络化协同

1. 网络化协同是什么

网络化协同是指企业与供应链上下游企业和合作伙伴共享用户、订单、设计、生产、经营等各类信息资源，实现跨区域、跨产业资源的整合汇聚，打造资源灵活、组织贯通和高效配置的网络化体系，将制造流程中涉及的研发、生产、服务等多个环节高效连接，动态配置网络中的各项资源，发挥资源的最大价值，推动生产方式由线性链式向协同并行转变，持续提高生产效率。

发展网络化协同的重点是通过网络化平台整合设计、生产、运维、服务等过程中的各类分散资源，实现网络化的协同设计、协同生产、协同服务，促进协同资源共享、业务优化和产能高效配置。

2. 网络化协同为何能够实现

互联网、数字化装备、工业机器人等技术的广泛应用，为基于网络的协同研发、协同生产、协同服务等网络化协同新模式提供了重要支撑。

一是以 5G 为代表的通信技术助力实现网络化协同数据高效传递。借助高效的信息通信技术进行信息实时传递，订单信息、质量状况、设备状态等制造信息得以实时共享，是助力实现网络化协同的基础。

二是工业互联网平台为网络化协同资源汇聚共享提供基础。数据、人才、资金、装备等生产资源基于工业互联网平台汇聚共享，为产业链上下游企业汇聚资源、开展网络化协同设计、制造、服务提供了基础支撑。

三是云计算技术使网络化协同向云端迁移成为可能。借助云计算技术构建云化制造系统，开展云仿真、云制造、云排产等云化协同制造模式，将产品设计制造任务向云端迁移，助力网络化协同发展。

3. 问题分析

一是产品研发设计难度大。当前，随着产品分工日益细化，产品复杂程度日趋提升，设计周期长、制造工艺多，产品设计制造涉及的专业学科跨度增加，技术集成的广度和深度大幅拓展，依靠单个企业、单个部门难以全面覆盖复杂产品全生命周期的设计创新和生产活动，这限制了大型复杂产品的自主研发与生产制造。

二是制造资源难以精准匹配。在传统制造体系中，不同企业、部门之间缺乏实时有效的信息共享，无法进行资源精准匹配与集中调度。企业一方面存在着大量的闲置资源，得不到有效利用，另一方面现有的制造资源难以及时响应产能需求，供应链存在诸多"堵点""断点"，制约了制造业全链条效益提升。

三是基于网络的服务生态难以形成。 在传统服务供给模式下，供应商、用户、产品服务商等服务信息，以及产品数据库、设计工具库、工业知识库、机理模型库等服务工具是企业的私有资产，产业链上的各企业，尤其是处于产业链末端的中小企业服务成本高、服务效率低。

4. 网络化协同怎么开展

企业发展网络化协同模式，应基于网络推动企业间的数据贯通、资源共享和业务协作，开展网络化的协同设计、协同生产和协同服务。

一是开展协同设计。 面向结构复杂、设计周期长、制造工艺多的大型装备产品设计需求，企业应开发并使用云化协同设计开发环境，基于工业互联网平台发布设计需求、匹配设计资源、分配设计任务、共享设计资源，通过购买或租赁行业知识库、专家库、模型库等方式获取设计资源，实现企业内部、产业链上下游的设计开发者、用户等各类主体协同设计。

二是开展协同生产。 企业应基于工业互联网平台构建云化协同生产环境，共享设备、工具、物料、人力等生产资源，统筹开展多生产任务协作，并通过购买、租赁设备运行维护、优化排产、能耗优化、故障诊断等数字化工具和解决方案，开展制造资源、生产能力、市场需求的高效对接和协同共享，实现供应链上下游企业制造环节的并行组织和协同优化。

三是开展协同服务。 企业应基于工业互联网平台创新服务供给模式，以资源灵活、组织贯通和高效配置的网络化体系为基础，精准获取用户使用信息、产品运行参数及服务商服务信息等，构建用户需求预测、服务优化模型，利用用户关系管理、产品远程服务等云化服务资源，进行服务能力的交易与共享。

5. 网络化协同的典型成效

网络化协同通过在设计、生产、服务等方面开展一体化协同，提高了复杂产品协同研发制造效率，优化了资源对接效率，打造了产业协作共赢发展生态。

一是提升了产品协同研发制造效率。 网络化协同通过为复杂产品构建大型协同研发制造体系，将复杂任务流程进行标准化分解，实现了产品的并行设计，缩短了产品的研

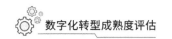

发周期和生产周期，提高了产品研发制造效率，实现了设计制造一体化。

二是提升了产业链上下游企业资源对接效率。通过推动产业链上下游企业、部门之间的信息共享，增强了各部分资源对接的有效性，避免了大量资源闲置现象的出现，同时提高了供需资源对接匹配效率、产业链上下游企业的协同度，以及企业依据市场需求对资源进行调整的响应速度。

三是打造了产业协作共赢发展生态。网络化协同通过共享云化服务资源，开展能力交易与租赁，高效传递用户需求，打造敏捷响应模式，提升了产业链的整体市场响应能力，打造了产业协作共赢发展生态。

（四）智能化制造

1. 智能化制造是什么

智能化制造是指企业在大数据、云计算和工业互联网的支持下，开展原料、设备、产品，以及用户之间在线连接和实时交互，实现设计过程、制造过程、企业管理及服务智能化的新型生产方式。

发展智能化制造的重点是推动生产管理与生产制造的全面自感知、自优化、自决策、自执行，实现生产设备、生产线、车间及工厂的智能化运行，提高生产效率、产品质量和安全水平。

2. 智能化制造为何能够实现

当前，市场竞争日趋激烈，高端化、个性化、智能化的产品供应和服务对现有制造体系和制造水平提出了新要求。

一是人工智能、先进控制技术为生产系统自运行、自诊断、自优化模型和算法的开发提供了基础支撑。运用深度学习、进化计算、优化控制、数据挖掘等技术，分析运行机理，构建控制模型，开发自动排产、生产调度、故障诊断等算法，驱动生产系统自运行、自诊断、自优化。

二是大带宽、低时延的先进工业通信技术助力实现底层设备广泛连接。借助5G、工业以太网、工业无线等通信技术，在现场设备之间、设备与控制系统之间建立起高效便捷的工业控制网络，使数据指令传输更及时、更可靠。

三是工业软件的发展应用与云端部署为智能化制造提供了便利工具。以制造执行系统（MES）、制造运营管理（MOM）系统、监控与数据采集系统（SCADA）、模拟保护系统（APS）等为代表的生产控制软件及生产、调度、质量等工业App深度应用并不断向云端迁移，为实现生产制造智能化提供了有效的管控工具。

3. 问题分析

一是生产制造的智能化程度不高导致效率低下。装备的自动化、数控化、智能化方面的资金投入不足，使我国生产自动化、智能化的总体水平不高，难以通过数字化工具紧密衔接企业整个生产制造过程，导致生产制造效率低下。

二是复杂工艺流程监控不力造成产品质量不可控。对于复杂工艺的产品制造环节，缺乏先进信息系统的管理支撑，很容易出现车间生产作业计划粗放、设备负荷不均、物料供应协同性差、生产资源管理混乱、车间作业进度监控不力等问题，生产过程难以实现全程追溯，质量把控不到位，产品质量不稳定。

三是基于经验的生产决策为制造过程带来高风险。当前，制造业企业的生产流程复杂，数据来源广、动态变化性强，大数据集成工具和分析技术的缺失使数据采集不足，生产工序进度、质量状况、设备运行状态、物料配送情况等信息反馈不及时、不到位，企业生产经营决策无法以数据为支撑，往往需要依靠人工经验，缺乏科学性，导致生产过程错误率高、业务链断裂等问题时有发生，安全风险程度较高。

4. 智能化制造怎么开展

企业发展智能化制造模式，应以质量改进、效率提升为目标，以数据、集成和管控为主线，基于工业互联网平台，实现企业现有数据、应用系统、软硬件装备和资源的连接和汇聚，支撑企业横向、纵向和端到端集成，支持数据驱动的企业应用创新，帮助企业从传统制造向智能化制造转变。

一是开展生产制造全过程智能化改造。通过工业总线、工业以太网、5G 等通信技术，以及工业数字孪生等前沿技术，基于工业互联网平台在数字空间对生产单元、生产线和车间进行虚拟布置、串联和调试，实现生产现场和制造过程的虚实联动，推动建成智能制造单元、智能生产线、智能车间和智能工厂，实现工业现场全要素全环节的动态感知、互联互通、数据集成和智能管控。

二是强化生产运行过程的可视化监测和自动化控制。加快制造系统的云化部署和优化升级，通过设备上云用云和设备数字孪生不断提升设备监测、诊断、预测和执行的智能管控水平。依托工业互联网平台汇聚的海量工业数据，以工业 App 等软件形式集成易调试、易调用的先进控制策略，推动生产工艺的柔性切换。引导开发基于企业现有数据集成整合的生产制造智能化应用，实现生产方式转向智能化制造。

三是深化人工智能在生产制造环节的融合应用。企业应加强人工智能技术在生产制造环节的应用，依托工业互联网平台，构建涵盖调度排产、资源配置、物料输送、能耗分析的生产数据模型库，基于模型强化对生产全流程的深度分析，提高对生产活动的深度分析、计算优化和自主决策能力。通过生产系统的全面感知、实时分析、科学决策、精准执行，提升生产效率、产品质量和安全水平，降低生产成本和能源消耗。

5. 智能化制造的典型成效

智能化制造通过生产设备及生产线的智能化运行和监控，实现生产自运行、自优化、自决策，打造智能工厂，不仅能够提升产品生产过程可控性、生产决策科学性，还能够降低生产事故发生率、节约生产成本。

一是提升了产品生产透明性与可控性。复杂产品的工艺设计、生产流程、车间调度较为繁杂。在智能化制造环境下，通过对产品全生命周期的实时监控，高效下达与执行各项指令，提升了产品生产过程的透明性，实现了生产自主可控，保障了产品质量，降低了返工率。

二是提高了生产资源的配置效率。通过开展生产自动排程、资源配置优化、物料动态跟踪等，动态实现混线生产，充分利用闲置资源，减少资源冲突，实现生产资源的高效配置和动态调整。

三是降低了成本和安全事故风险。通过发展智能车间与智能工厂，支持操作人员与运转机器的远程交互，大幅减少了直接参与一线生产的工作人员数量，降低了现场安全事故的发生概率。

（五）个性化定制

1. 个性化定制是什么

个性化定制是指企业利用互联网采集并对接用户个性化需求，推动企业研发、生产、服务和商业模式之间的数据贯通，以低成本、高质量和高效率的大批量生产实现产品个性化设计、生产、销售及服务的制造服务模式。

发展个性化定制的重点是开展需求分析、敏捷开发、柔性生产、精准交付等服务，增强用户在产品全生命周期中的参与度，实现制造资源与用户需求全方位的精准对接。

2. 个性化定制为何能够实现

当前，国内外市场环境纷繁复杂，呈现出用户多元化、需求个性化、市场多变化的特征，维持大规模生产的时间优势和成本优势，以及提供个性化产品的市场需求日趋强烈。

一是互联网的普及应用拓宽了企业个性化需求采集渠道。用户集聚平台、社区交流平台等多种线上渠道，便于用户随时随地反馈需求，提高了用户与企业交互的频率和深度，实现了用户数据的精准获取和实时反馈。

二是大数据分析技术助力形成个性化定制方案。大数据分析技术通过分析海量数据，充分挖掘用户偏好信息，分析形成个性化定制方案，实现低成本、高收益转化的生产方案。

三是柔性生产系统发展应用助力实现大批量定制化生产。柔性生产系统集成模块化设计、可视化生产等功能，将碎片化、通俗化的需求信息转化为标准化、可执行的工艺语言，高效协调配置制造资源，实现与用户需求全方位对接的定制化生产。

3. 问题分析

一是客户参与度低，供需难以精准对接。在传统生产模式下，用户仅能从外部对有限的产品类型进行选择，参与度较低，无法将产品设计、工艺设计、产品测试等具体环节的需求精准传递给企业。供需难以精准对接，导致实际产品交付时，用户满意度不理想，产品返工率高、交付率低，造成制造资源浪费。

二是传统大规模标准化生产方式无法适应日益个性化、多元化的市场需求。目前，企业普遍的生产方式主要基于传统的大规模标准化需求形成，基本特征是流水线精细分工、专用型设备投资和多层次管理结构，企业的竞争优势建立在规模经济和开发标准化产品的基础上。随着居民消费需求日益趋向个性化、多元化，传统的标准化、大批量生产方式已无法适应快速变化的市场需求。

三是多样化的单件生产成本较高。在传统的生产制造模式中，定制化生产带来的产品多样化势必造成单件产品成本过高，企业与用户双方被迫分担高成本则会导致用户流失、订单减少、企业亏损，定制化生产与单件高成本之间的矛盾使制造业企业对个性化定制望而生畏。

4. 个性化定制怎么开展

企业发展个性化定制模式，需要基于工业互联网平台从精准获取用户个性化需求出发，借助设计交互工具，增强用户在产品全生命周期中的参与度，开展个性化研发设计和柔性化生产制造，并形成以用户为中心的个性化服务模式。

一是精准获取个性化需求。企业应依托工业互联网平台，运用人机交互、虚拟交互等方式获取用户的个性化需求，对用户的消费习惯、消费能力、性格特征、行为偏好等数据进行综合分析，生成全尺度用户画像，并将用户需求数据转化为服务于产品、设计、生产、交付的标准化数据，借助大数据建模分析工作，实现基于市场需求的快速响应。

二是开展个性化研发设计。一方面，以满足用户个性化需求为目标，借助工业互联网平台的设计交互工具，建立新产品开发和优化的规划方案，构建应用产品部件、组件、工艺、材料等数据库，并开展产品集成化、模块化设计。另一方面，依托工业互联网平台全面连接产品最终用户，推动企业与用户的实时交互，增强用户在产品全生命周期中的参与度，实现用户全流程参与的个性化研发设计。

三是开展大规模定制化、柔性化生产。以快速满足动态化生产任务为目标，基于工业互联网平台开展对生产运行参数的采集、监控、预警和综合管理，构建生产制造单元与活动的"数字双胞胎"，按需组建最小生产单元和柔性化生产制造系统，基于数据开展生产智能排程、在线调度和制造资源优化配置，实现规模化、个性化、定制化、柔性化生产，提高整体生产效率。

四是开展以用户为中心的个性化服务。依托工业互联网平台及时响应用户个性化需求，开发并应用用户服务、物流跟踪、技术指南等云化工业 App，实现订单全生命周期数据贯通和可视化呈现，构建用户权益维护管理体系，并利用大数据、人工智能等技术，推动用户、技术、服务提供商的精准协作和高效协同，向用户推送个性化增值服务，提升用户满意度。

5. 个性化定制的典型成效

个性化定制通过用户参与设计、柔性化生产将用户端的个性化需求贯穿于产品研发制造全过程，使用户获得更好的消费体验，提升了企业的市场预测能力和响应速度，以及用户满意度。

一是提高了企业的市场预测能力。个性化定制模式借助工业互联网平台的集聚和交互能力实现海量用户与企业间的交互对接，通过对用户行为和社交关系等进行大数据分析，提升了企业精准预判市场、精准营销的能力。

二是提高了企业的市场响应速度。个性化定制模式通过柔性化生产制造实现以"需"定"产"，通过小批量、差异化的柔性生产形式，保障了产品的交付速度和交付质量，提升了企业的市场响应速度。

三是提升了用户满意度。个性化定制模式从用户个性化需求出发，改善需求定义、产品设计、售后服务等价值链环节，用户深度参与产品设计，确保产品的性能和质量符合用户需求，提升了用户的消费体验和满意度。

（六）服务化延伸

1. 服务化延伸是什么

服务化延伸是指企业基于产品模型构建和服务数据汇聚分析，从原有制造业业务向价值链两端高附加值环节延伸，从加工组装向"制造＋服务"转型，从单纯出售产品向出售"产品＋服务"转变，围绕产品全生命周期的各个环节融入能够带来商业价值增值服务的新模式。

发展服务化延伸的重点是聚焦制造业价值链高端环节，基于工业互联网平台打造用户服务活动的数字孪生体，基于数据加快技术创新和模式转型，建立健全基于制造和产品的服务系统，提升服务型制造的专业化和精细化水平，包括设备健康管理、产品远程运维、设备融资租赁、分享制造、互联网金融等新型服务。

2. 服务化延伸为何能够实现

服务化延伸以服务用户、提升产品效能效益、拓展产业链价值为目标，工业互联网平台、人工智能、工业 App 开发等技术的发展与应用为服务化延伸的实现提供了技术支撑。

一是人工智能技术提升了服务场景中的用户感知能力。 借助计算机视觉、生物识别、自然语言处理、机器学习等人工智能核心技术，赋予企业产品或系统感知与交互能力，通过感知和识别用户需求，助力企业提供精准化服务。

二是大量工业 App 的研发供给为企业和用户的交互提供了便利工具。 将设备状态监测、远程故障诊断、预测性维护、性能优化等服务进行模块化封装，形成供用户直接调用、订阅的工业 App，使企业和用户的沟通交互方式更便捷。

三是工业互联网平台为远程服务的实现提供了基础条件。 基于工业互联网平台及其微服务架构，在实现产业链连通的基础上，为产业链上下游企业开展在线增值服务（如远程监测、故障预警、远程维护、在线诊断、过程优化等）、拓展产品价值空间，以及依托平台开展产业链上的融资租赁服务提供了条件。

3. 问题分析

一是产品运维困难。 产品在运行过程中，受产品设计、运行工况、人员操作等因素的影响，容易出现产品健康状况不佳或突发故障等问题。若维护服务与生产制造环节脱离，则将难以准确判断产品的故障周期，设备运行面临潜在风险，缺乏稳定性。

二是产业链附加值低。 当前制造业存在"重产品、轻服务"的现象，在产业市场规模增长、同质化严重的当下，结构性产能过剩、行业产品售后难、产业链不完整等成为限制制造业发展的突出问题。企业的无形资产和智力资本向有形资产的转化受到阻碍，产品利润率低，削弱了企业的竞争力。

三是综合性服务解决方案缺失。企业缺少直接与用户接触的服务链条，对全产业链信息和质量体系的控制能力欠佳。在产业升级过程中，缺少围绕产品服务反馈的技术升级路径，降低了企业对市场形势变化的适应性，全要素整合能力变弱，导致缺失切实可行的综合性服务解决方案。

四是企业共性知识沉淀与利用不足。企业专业知识体系不健全、不系统，相关的专家经验、机理模型、管控规则等共性知识存储分散，管理难度大，开发成本高，存在企业缺乏工业App开发能力、工业App开发者创新力不足，现有开发流程存在大量重复性工作，开发者缺乏必要数据和工具支撑等问题。

4. 服务化延伸怎么开展

企业发展服务化延伸模式，应聚焦产品效能提升、产业链增值等方面开展延伸服务，并针对离散行业、流程行业的不同特征，提供相应的行业解决方案。

一是聚焦产品效能提升开展售后服务。针对生产设备、工业产品开展效能提升服务，通过工业互联网平台汇聚生产设备制造工艺、运行工况和状态数据，打造产品设计、制造、服务活动的数据流通闭环，构建优化设备故障预警、远程运维、能耗优化等模型，开展设备健康管理、远程运维及融资租赁等延伸服务。

二是聚焦全产业链条开展增值服务。依托工业互联网平台开展现代供应链管理、共享制造、互联网金融等产业链增值服务。开发集中采购、供应商管理、柔性供应链、智能仓储、智慧物流等云化应用服务，围绕制造能力的集成整合、在线分享和优化配置，开发部署制造能力在线发布、实时对接和精准计费等工业App，面向全行业提供制造资源泛在连接、弹性供给、高效配置服务，建立用户经营、信用等大数据分析模型，开展企业信用评级，为金融机构的风险控制、贷款审批等提供决策支持。

三是聚焦行业共性需求提供综合服务解决方案。针对离散行业，以促进生产过程的精准化、柔性化、敏捷化为目标，基于工业互联网平台提供制造单元、生产线和车间的全面感知、设备互联、数据集成、智能管控综合服务解决方案。针对流程行业，以促进生产过程的集约高效、动态优化、安全可靠和绿色低碳为目标，提供生产全过程工艺控制、状态监测、故障诊断、质量控制、节能减排综合解决方案。

5.服务化延伸的典型成效

培育发展服务化延伸新模式，可推动企业以产品制造为中心的传统生产模式向以服务增值为中心的新型服务模式转变，有效带动了企业利润的增加和市场竞争力的提升。

一是提升了用户满意度。企业聚焦用户需求提供系统性解决方案，基于用户反馈持续提升产品质量和服务效益，显著提升了用户满意度。

二是提升了产品的效能效益。通过开展产品健康管理、故障预测、远程诊断、寿命预估等配套服务，充分挖掘了产品的潜在价值，延长了产品使用寿命，提升了产品效能效益。

三是提升了产业链附加值。通过开展产业链上下游企业之间的协同管理、资源分享、融资租赁等业务，推动产业链向高附加值环节跃升，日益成为企业利润的重要来源。

第二章 《数字化转型 成熟度模型》标准解读

为便于贯标有关单位和个人理解掌握《数字化转型 成熟度模型》（T/AIITRE 10004—2023）的核心内容，数字化转型成熟度贯标推进工作组对该标准的研制背景和主要内容进行了解读，主要包括数字化转型成熟度模型的来源、内容框架、评价域、成熟度等级和水平档次，以及数字化转型成熟度模型与两化融合管理体系之间的关系等内容，供阅研参考。

一、《数字化转型 成熟度模型》标准的研制背景

近年来，互联网和数字技术的迅猛发展，为国民经济和产业发展带来了巨大变革。在数字化转型的背景下，传统的工业经济正在加速向数字经济转型，整个产业正在向高端化、绿色化和数字化方向发展。基于数字化的影响和发展趋势，需要加快研究数字经济和数字化转型的规律，形成系统推动创新和掌握创新的方法。通过研究数字化转型的规律和方法，将其转化为标准，可以帮助企业更好地应对市场环境变化，加速实现数字化转型。

（一）数字化转型是数字时代企业生存和发展的必答题

全球经济正在加速向数字经济转型，传统产业需要向高端化、绿色化、数字化升级。企业发展的核心驱动力也发生了转变，从要素驱动和投资驱动转向以数据为核心的全要素创新驱动。数字化转型加速推动了产业转型升级和经济发展新形态的重构，对我国产业发展的质量变革、效率变革和动力变革起到了有效的促进作用。因此，数字化转型已成为企业创新发展的关键，通过数据打通企业业务链条、重构企业发展模式和组织形态，实现数字化转型已成为当下企业创新发展的关键路径。数字化转型分析如图 2-1 所示。

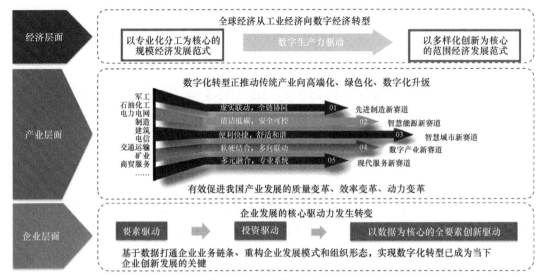

图2-1　数字化转型分析

（二）党中央、国务院和各级政府高度重视数字化转型

党的二十大报告提出了推进新型工业化和促进数字经济与实体经济深度融合的重要任务。"十四五"规划明确提出以数字化转型整体驱动生产方式、生活方式和治理方式变革。为贯彻落实党中央、国务院决策部署，工业和信息化部发布了《"十四五"信息化和工业化深度融合发展规划》，实施制造业数字化转型行动。可见，数字化转型已上升为国家战略，得到了党中央、国务院和各级政府的高度重视和支持。

（三）我国数字化转型整体处于起步阶段

根据点亮智库和中信联发布的《企业数字化转型成熟度发展报告（2022）》，截至2022年，我国企业数字化转型整体处于启动阶段，仅有7.1%的企业实现了实质性的数字化转型，而超过90%的企业仍将数字化转型的重点放在通过信息技术应用来规范业务运行和提升管理水平上。这表明，我国企业在数字化转型方面还有很大的发展空间。尽管数字化转型工作已经开始，但大部分企业仍需要加大力度，深入推进数字化转型，实现从简单的应用到实质性的转型。这需要企业加强数字能力的培养，提升数据利用能力，并将数字化转型的目标明确化，以实现更高水平的数字化转型。2022年企业数字化转型成熟度发展指数和进程如图2-2所示。

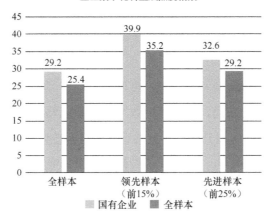

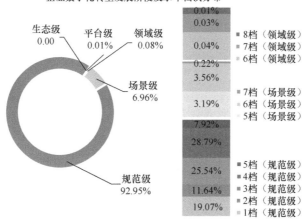

图2-2 2022年企业数字化转型成熟度发展指数和进程

（四）企业数字化转型存在的问题与挑战

当前，目标不够清晰、主线不够明确、要素尚未凸显、机制不够系统和生态不够健全是当前企业数字化转型普遍存在的问题。第一，企业数字化转型的价值目标不够清晰、价值效益不够明显是一个突出的问题。第二，企业在数字化转型过程中，重点还集中在优化现有业务体系上，尚未将重心放在数字能力建设上。第三，企业的数据开发利用能力不足，没有充分发挥数据的作用。第四，从局部切入难以达到系统化、体系化全局转型的要求和成效。第五，关键技术产品和服务供给、人才、产业链协同创新等生态体系还不够健全。政府、行业组织和企业等只有合力解决这些问题和挑战，才能更好地推进数字化转型，实现预期的价值和效益。

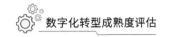

（五）以数字化转型成熟度模型为抓手加快推进数字化转型

当前，我国制造业数字化转型总体仍处于起步探索阶段，广大企业普遍缺乏数字化转型的全面认知和方法路径，而以数字化转型成熟度模型为依据、以标准贯彻为抓手，可促进社会各界形成数字化转型发展共识，凝聚数字化转型推进合力，系统提升数字化转型发展水平。对贯标企业来说，一是通过数字化转型成熟度模型，引导企业全面认知和科学掌握数字化转型规律，提升全员转型共识。二是系统谋划数字化转型发展路线图，逐级提升数字化转型水平与能力。同时，各级政府可以形成一套以数字化转型成熟度贯标引领企业分级分类发展的工作抓手，有针对性地制定分级分类支持政策，提升精准施策水平。行业组织可以有效推动企业加快实现分级分类发展，为行业管理和服务等相关工作提供决策依据，提升精准引导水平。推进数字化转型成熟度贯标核心任务如图2-3所示。

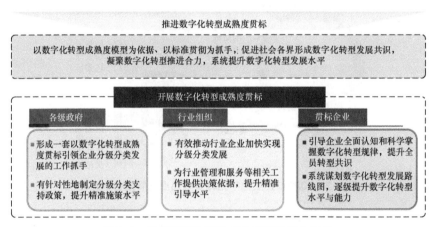

图2-3　推进数字化转型成熟度贯标核心任务

二、《数字化转型 成熟度模型》标准的主要内容

（一）数字化转型成熟度模型的总体框架

1.数字化转型成熟度模型的来源与构成

数字化转型成熟度模型基于国际标准《产业数字化转型评估框架》（ITU-T Y.4906），以及《信息化和工业化融合 数字化转型 价值效益参考模型》（GB/T 23011—2022）、《数字化转型 参考架构》（T/AIITRE 10001）等国家标准进行研制，遵循数字化转型的本质规

律和系统要求,构建了一套多维度评判、全方位引导提升企业数字化转型成熟度等级和水平档次的参考模型。该标准的优势:**一是科学性强**,以价值为导向、能力为主线、数据为驱动,对数万家企业系统开展转型的共性规律和最佳实践进行了总结提炼;**二是系统性强**,从转战略、转能力、转技术、转管理、转业务等方面,系统引导企业分级分类发展;**三是实用性强**,可适用于各种类型、各种规模的制造业企业,并经过大量企业实践的检验与认可。

数字化转型成熟度模型由评价域、成熟度等级和成熟度水平档次组成。

评价域聚焦"评什么",给出各成熟度等级评价的主要方面,依据《数字化转型 参考架构》给出的数字化转型 5 个主要视角,包括发展战略、新型能力、系统性解决方案、治理体系、业务创新转型 5 个域及其对应的 22 个子域。

成熟度等级聚焦"分几级",给出数字化转型成熟度的等级划分,依据《数字化转型 参考架构》给出的数字化转型发展阶段,分为规范级、场景级、领域级、平台级和生态级 5 个等级。

成熟度水平档次聚焦"分几档",依据数字化转型的广度和深度,将数字化转型成熟度的 5 个等级细分为 10 个水平档次。

这个构成框架能够全面、系统地评估和指导数字化转型,帮助企业提升数字化转型的成熟度水平。数字化转型成熟度模型构成如图 2-4 所示。

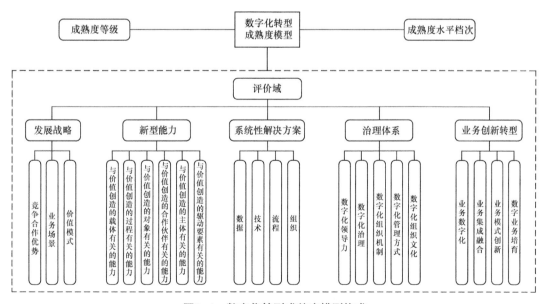

图2-4 数字化转型成熟度模型构成

2. 数字化转型成熟度模型相关术语和定义

以下术语和定义在数字化转型成熟度模型中起到了明确和统一基础概念的作用，帮助企业理解和应用数字化转型成熟度模型的理论和原理。

数字化转型：深化应用新一代信息技术，激发数据要素创新驱动潜能，建设提升数字时代生存和发展的新型能力，加速业务优化、创新与重构，创造、传递并获取新价值，实现转型升级和创新发展的过程。

数字化转型成熟度：对企业数字化转型发展阶段和水平的度量。

新型能力：深化应用新一代信息技术，建立、提升、整合、重构企业的内外部能力，形成应对不确定性变化的本领。

数字能力：企业在数字化转型过程中打造形成的新型能力。

系统性解决方案：发挥技术的基础性作用，以数据为核心驱动要素，实现数据、技术、流程、组织4个要素系统融合、迭代优化和互动创新，支持数字能力的建设、运行和持续改进的总体解决方案。

3. 数字化转型成熟度模型与两化融合管理体系升级版的关系

两化融合管理体系是我国首套自主研制、实现大范围产业应用并向国际输出的管理体系类标准，已经在近7万家企业应用推广。顺应数字化转型大势所趋，两化融合管理体系融入数字化转型系列新标准，也已经进入聚焦转型、突出能力、分级分类的升级版新阶段。数字化转型成熟度模型与两化融合管理体系升级版一样，都遵循《数字化转型 参考架构》，涵盖发展战略、新型能力、系统性解决方案、治理体系、业务创新转型5个方面，分为规范级、场景级、领域级、平台级、生态级5个等级。两者的关系如图2-5所示。

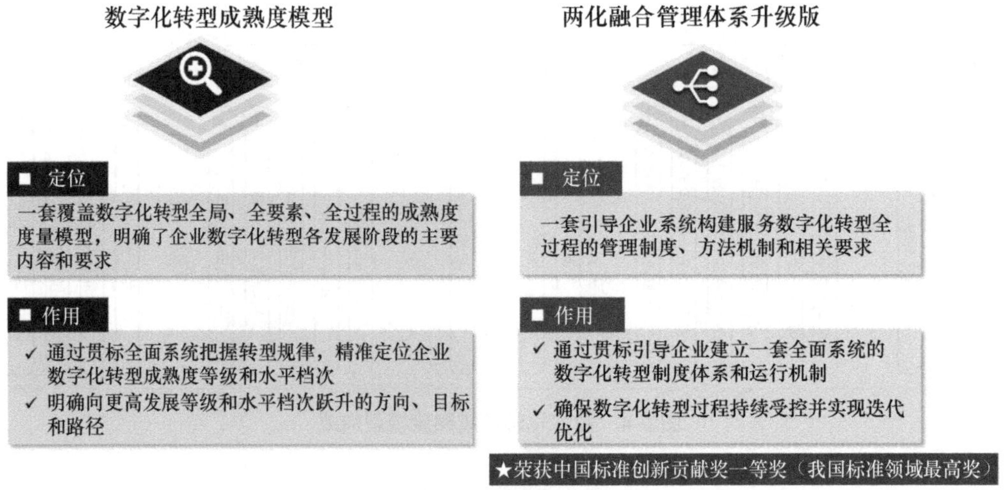

数字化转型成熟度模型   两化融合管理体系升级版

■ **定位**
一套覆盖数字化转型全局、全要素、全过程的成熟度度量模型，明确了企业数字化转型各发展阶段的主要内容和要求

■ **作用**
✓ 通过贯标全面系统把握转型规律，精准定位企业数字化转型成熟度等级和水平档次
✓ 明确向更高发展等级和水平档次跃升的方向、目标和路径

■ **定位**
一套引导企业系统构建服务数字化转型全过程的管理制度、方法机制和相关要求

■ **作用**
✓ 通过贯标引导企业建立一套全面系统的数字化转型制度体系和运行机制
✓ 确保数字化转型过程持续受控并实现迭代优化

★荣获中国标准创新贡献奖一等奖（我国标准领域最高奖）

图2-5 两者的关系

数字化转型成熟度模型和两化融合管理体系升级版是相互关联且互为补充的。数字化转型成熟度模型是一套覆盖数字化转型全局、全要素、全过程的成熟度度量模型，明确了企业数字化转型各发展阶段的主要内容和要求，其作用主要是为企业提供一个分阶段、分水平档次转型升级的路线图和导航仪，帮助企业通过贯标全面、系统地把握数字化转型规律，精准定位企业当前的数字化转型成熟度等级和水平档次，并明确向更高发展等级和水平档次跃升的方向、目标和路径。而两化融合管理体系升级版是一套引导企业系统构建数字化转型全过程的管理制度和机制的方法论，其作用主要是帮助企业通过贯标建立一套全面系统的数字化转型制度体系和运行机制，确保其数字化转型过程持续受控并实现迭代优化，其转型成效更加稳定可靠且可持续。通过发挥数字化转型成熟度模型和两化融合管理体系升级版的协同作用，可以更好地引导企业实现数字化转型的目标，并推动企业在数字化转型过程中取得更好的成果。

（二）数字化转型成熟度模型的评价域

本标准按照数字化转型"往哪儿走""做什么""怎么做""结果如何"等思路，引导企业围绕数字化转型发展战略、新型能力、系统性解决方案、治理体系、业务创新转型这5个方面系统推进转型。

通过对5个评价域进行评估，可以对企业当前数字化转型水平和能力进行全面和系统的了解，评价域设计考虑了企业数字化转型的各个关键环节和要素，有利于实现转型过程的持续监测和优化。

1. 发展战略评价域

开展数字化转型的首要任务是制定数字化转型战略，并将其作为发展战略的重要组成部分，把数据驱动的理念、方法和机制根植于发展战略全局。条件成熟的企业，数字化转型战略和发展战略可合二为一，融为一体。

发展战略评价域重点引导企业开展面向数字时代的转型战略规划部署，应对日益复杂多变的内外部环境，增强竞争优势的可持续性和战略的柔性，重塑价值主张，由构建封闭价值体系的静态竞争战略转向共创共享开放价值生态的动态竞合战略。

一是在策划竞争合作优势方面，企业应增强竞争合作优势可持续性和战略柔性，逐步从构建封闭价值体系的静态竞争战略向构建共创共享开放价值生态的动态竞合战略转变，以有效应对快速变化和不确定的市场竞争合作环境。

二是在策划数字业务场景方面，企业应打破传统的基于技术专业化职能分工形成的垂直业务体系，以用户日益动态和个性化的需求为牵引构建基于能力赋能的新型业务架构，根据竞争合作优势和业务架构设计端到端的数字场景，以形成支撑柔性战略的灵活业务。

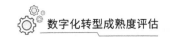

三是在策划价值模式方面，企业应改变传统工业化时期基于技术创新的长周期性获得稳定预期市场收益的价值模式，构建基于资源共享和能力赋能实现业务快速迭代和协同发展的开放价值生态，以最大化获取数字化转型的价值效益。

2. 新型能力评价域

能力指的是个人或企业按照特定价值目标完成相关活动或任务的要求与要素组合和由此具备的综合素养。而新型能力是指深化应用新一代信息技术，建立、提升、整合和重构企业的内外部能力，形成应对不确定性变化的本领。**新型能力评价域**重点引导企业构建数字时代核心竞争能力体系，基于企业自身能力的模块化、数字化、平台化，实现能力与业务的有效解耦，强化对价值创造和价值传递的支持，由刚性固化的传统能力体系转向可柔性调用的数字能力体系，提升应对不确定性的综合本领。企业应将新型能力建设作为贯穿数字化转型始终的核心路径，通过识别和策划新型能力（体系），持续建设、运行和改进新型能力，支持业务按需调用能力以快速响应市场需求变化，从而加速推进业务创新转型，获取可持续竞争的合作优势。新型能力的主要视角如图2-6所示，新型能力4个方面要求如图2-7所示。

一是从新型能力主要视角来看，新型能力视角包括与价值创造的载体有关的能力、与价值创造的过程有关的能力、与价值创造的对象有关的能力、与价值创造的合作伙伴有关的能力、与价值创造的主体有关的能力、与价值创造的驱动要素有关的能力6个子视角。

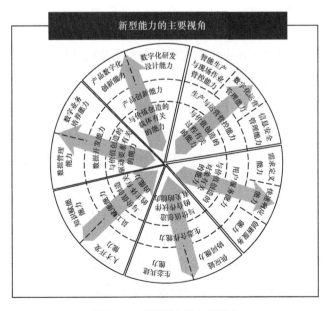

图2-6　新型能力的主要视角

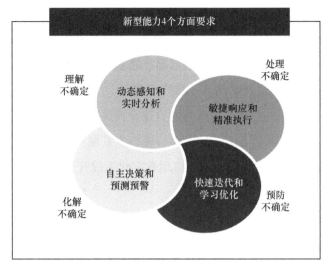

图2-7 新型能力4个方面要求

二是从新型能力 4 个方面要求看，企业需要从理解、处理、预防和化解不确定性来重点关注以下 4 个主要方面的能力。动态感知和实时分析方面：企业需要建立能力来实时感知和分析业务活动中产生的数据，以获取实时的业务数据和洞察。敏捷响应和精准执行方面：企业需要具备能力来快速、灵活地响应业务需求和变化，并能够精准地执行相应的业务活动。自主决策和预测预警方面：企业需要具备能力来进行自主决策，基于数据和分析结果做出准确的决策，并能够预测和预警潜在的业务风险和机会。快速迭代和学习优化方面：企业需要具备能力来快速迭代业务模式和流程，持续学习和优化业务活动，以不断提升业务效率和创新能力。

3. 系统性解决方案评价域

系统性解决方案评价域重点引导企业围绕新型能力建设，实施以数据驱动技术、流程、组织同步创新的集成方案，着力改变数字化转型"治标不治本"的现象，坚持系统观念，协同推进技术创新和管理变革，以技术要素为主的解决方案转向以数据要素为核心的系统性解决方案。

企业应深化应用新一代信息技术，策划实施涵盖数据、技术、流程和组织 4 个要素的系统性解决方案，支持打造新型能力，加速业务创新转型，并通过 4 个要素的互动创新和持续优化，推动新型能力和业务创新转型的持续运行和不断改进。

一是在数据要素方面，主要涉及数据资产化，挖掘数据要素价值和创新驱动潜能等内容。为加强数据要素的开发利用，企业应完善数据采集的范围和手段，推进数据集成与共享，强化数据建模与应用。

二是在技术要素方面，主要涉及新型能力建设涵盖的信息技术、产业技术、管理技术等内容，以及各项技术要素集成、融合和创新等。企业应从设备设施、信息技术软硬件、网络、平台等方面，充分发挥云计算、大数据、物联网、人工智能和区块链等新一代信息技术的先导作用，系统推进技术集成、融合和创新。

三是在流程要素方面，主要涉及新型能力建设相关业务流程的优化设计和数字化管控等内容，企业应开展跨部门/跨层级流程、核心业务端到端流程，以及产业生态合作伙伴间端到端业务流程等的优化设计，并应用数字化手段开展业务流程的运行状态跟踪、过程管控和动态优化。

四是在组织要素方面，主要涉及新型能力建设运行相关的职能职责调整、人员角色变动及岗位匹配等内容，企业应根据业务流程优化的要求确立业务流程职责，匹配调整有关的合作伙伴关系、部门职责和岗位职责等，并按照调整后的职能职责和岗位胜任要求，开展员工岗位胜任力分析、人员能力培养、按需调岗等，不断提升人员优化的配置水平。

4. 治理体系评价域

治理体系评价域重点引导企业开展适应数字化转型变化的组织机制变革，从数字化领导力、数字化治理、数字化组织机制、数字化管理方式、数字化组织文化等方面，建立与数字化转型相匹配的治理体系，从封闭式的自上而下管控转向开放式的动态柔性治理，持续推进管理模式变革。

开展数字化转型，打造新型能力，推进业务创新转型，除了策划实施系统性解决方案以提供技术支持，还应建立相匹配的治理体系并推进管理模式持续变革以提供管理保障。治理体系评价域包括数字化领导力、数字化治理、数字化组织机制、数字化管理方式和数字化组织文化5个方面。

一是在数字化领导力方面，企业应从数字化领导意识培养和能力提升、数字化转型战略部署和执行机制等方面，建设提升企业数字化转型领导力。

二是在数字化治理方面，企业应运用架构方法，从数字化人才培养、数字化资金统筹安排、安全可控建设等方面，建立与新型能力建设、运行和优化相匹配的数字化治理机制。

三是在数字化组织机制方面，企业应从数字化组织体系、数字化协作体系建设等方面，建立与新型能力建设、运行和优化相匹配的职责和职权架构，不断提高针对用户日益动态、个性化需求的响应速度和柔性服务能力。

四是在数字化管理方式方面，企业应从数字化管理方式、数字化工作方式等方面，建立与新型能力建设、运行和优化相匹配的组织管理方式和工作模式，推动员工自组织、自学习、主动完成创造性工作。

五是在数字化组织文化方面，企业应从价值观、行为准则等方面入手，建立与新型能力建设、运行和优化相匹配的组织文化，把数字化转型战略愿景转变为企业全员主动创新的自觉行为。

5. 业务创新转型评价域

业务创新转型评价域重点引导企业以能力赋能业务模式创新转型，加快从基于技术专业化分工的垂直业务体系转向需求牵引、能力赋能的开放式业务生态，建立可持续发展的新型价值体系，持续拓展价值增长新空间。

企业应充分发挥新型能力的赋能作用，加速业务体系和业务模式创新，推进传统业务创新转型升级，培育发展数字新业务，通过业务全面服务化，构建开放合作的价值模式，快速响应、满足和引领市场需求，最大化获得价值效益。

一是业务数字化。业务数字化是指特定业务活动的数字化、网络化和智能化发展。企业应深化新一代信息技术在产品/服务、研发设计、生产管控、运营管理和市场服务等环节的深度应用，逐步提升各业务活动的数字化、网络化和智能化水平，包括但不限于产品/服务数字化、研发设计数字化、生产管控数字化、运营管理数字化和市场服务数字化等。

二是业务集成融合。业务集成融合是指跨部门、跨业务环节、跨层级的业务集成运作和动态协同优化。企业可按照纵向管控、价值链、产品生命周期等维度，系统推进业务集成融合，包括但不限于经营管理与生产作业现场管控集成、供应链/产业链集成和产品生命周期集成等。

三是业务模式创新。业务模式创新是指基于新型能力模块化封装和在线部署等，推动关键业务模式创新变革，构建打通企业内外部的价值网络，与利益相关方共同形成新的价值模式。典型业务模式创新包括但不限于网络化协同、服务化延伸和个性化定制等。

四是数字业务培育。数字业务培育是指以数据和技术为驱动，实现行业专业知识的数字化，开发具有竞争力的数字产品和服务，并运用大数据、人工智能和区块链等技术，基于数据资产化运营形成服务于用户及利益相关方的新业态，包括但不限于数据资源管理、数据资产化运营和数字业务发展等。

（三）成熟度等级

1. 总体要求

《数字化转型 成熟度模型》将企业数字化转型分为 5 个发展阶段（成熟度等级），如图 2-8 所示。

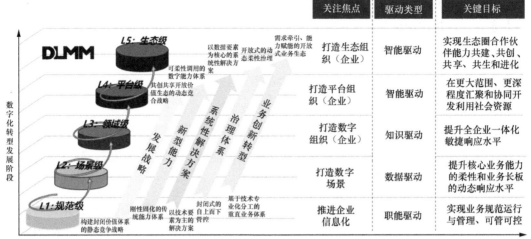

图2-8　数字化转型的5个成熟度等级

一是规范级。规范级主要聚焦推进企业信息化，实现业务的规范运行和管理，提升可管可控水平；企业运行实现覆盖全企业的职能驱动。聚焦信息技术、信息系统的建设与集成应用，规范开展信息（数字）技术应用，实现业务规范运行与管理，提升关键业务活动可管可控水平。

二是场景级。场景级主要聚焦打造数字场景，提升企业核心业务能力的柔性和业务长板的动态响应水平；企业运行实现覆盖主场景的数据、知识或智能驱动，通常以数据驱动为主。聚焦数字场景建设，实现主营业务活动板块范围内关键业务活动数字化、场景化和柔性化（多样化、个性化）运行。主要应用新一代信息（数字）技术实现主营业务活动板块范围内关键业务活动数据的获取、开发和利用，发挥数据作为信息媒介、知识媒介和能力媒介的作用，实现场景级信息对称以及知识和能力赋能，提升主营业务活动板块范围内相关要素资源的总体配置效率、综合利用水平和创新开发潜能。

三是领域级。领域级主要聚焦打造数字企业，提升全企业一体化敏捷响应水平；企业运行实现覆盖全企业的数据、知识或智能驱动，通常以知识驱动为主。聚焦实现主营业务全面集成融合、柔性协同和一体化运行，提升全企业一体化敏捷响应水平，打造形成数字企业。主要基于全企业范围内主营业务领域数据的全面获取、开发和利用，发挥数据作为信息媒介、知识媒介和能力媒介的作用，实现领域级信息对称以及知识和能力赋能，提升全企业范围内要素资源的总体配置效率、综合利用水平和创新开发潜能。

四是平台级。平台级主要聚焦打造平台企业，更大范围、更深程度地汇聚和协同开发利用社会资源；企业运行实现覆盖平台用户群的数据、知识或智能驱动，通常以数据或知识驱动为主。开展跨组织网络化协同和社会化协作，实现以数据（知识）为驱动的平台化业务模式创新，打造形成平台企业，在更大范围、更深程度汇聚和协同开发利用社会资源。主要基于整个企业范围内及企业之间数据的获取、开发和利用，发挥数据作为信息媒介、知识媒介和能力媒介的作用，实现平台级信息对称以及知识和能力赋能，提升企业价值网络化创造能力和整个企业网络范围内相关要素资源的社会化总体配置效率、综合利用水平和创新开发潜能。

五是生态级。生态级主要聚焦打造生态组织，实现生态圈合作伙伴能力的共建、共创、共享、共生和进化。企业运行以智能驱动为主。推动生态合作伙伴资源、知识和能力等的共建、共创、共享，打造形成生态企业，实现生态圈共生发展和自学习进化。主要基于生态圈数据的智能按需获取、开发和利用，发挥数据作为信息媒介、知识媒介和能力媒介的作用，实现生态级信息对称以及知识和能力赋能，提升生态圈合作伙伴生态合作与共生共创能力，以及生态圈范围内相关要素资源的按需自主配置效率、综合利用水平和创新开发潜能。

2. 规范级

（1）发展战略评价域

一是竞争合作优势。企业应通过信息技术应用，构建和形成基于传统业务的成本、效率和质量等一个或多个方面的竞争优势；通过信息技术应用，在传统规模化产品的价格、性能、服务等一个或多个方面构建和形成竞争优势。

二是业务场景。企业应部署应用信息技术实现主营业务规范化运行；或仅在单一部门、单一业务环节或部分跨部门且跨业务环节策划信息化业务场景建设。

三是价值模式。企业应构建基于信息技术应用的传统业务价值增长模式，基于生产运营的信息化、规范化和流程化，获取关键主营业务成本降低、效率提升和质量提高等价值效益；基于规范级能力提升对确定性需求的响应水平，通过满足主营业务场景相关业务活动的规模化需求，扩大价值创造空间。

（2）新型能力评价域

企业应依据《数字化转型 参考架构》给出的新型能力主要视角，建成有效支撑主营业务规范化运行的规范级能力。规范级能力包括但不限于面向流程化与信息化的产品创新和研发设计、生产与运营管控、用户服务、供应链或产业链合作、人才开发与知识分享、数据应用等与价值创造的载体、过程、对象、合作伙伴、主体、驱动要素等有关的规范级能力，以及其相互整合和重构形成的规范级能力。

一是与价值创造的载体有关的能力。企业应具备职能驱动的与价值创造的载体有关的能力，可实现产品创新和研发设计活动的信息化收集、分析和规范管理；可实现产品创新和研发设计活动的信息化、规范化响应和执行；可实现产品创新和研发设计活动的信息化辅助决策分析；可实现产品创新和研发设计活动的信息化、规范化迭代和优化。

二是与价值创造的过程有关的能力。企业应具备职能驱动的与价值创造的过程有关的能力，可实现生产与运营管控活动的信息化收集、分析和规范管理；可实现生产与运营计划、协调、控制等的信息化、规范化响应和执行；可实现生产与运营活动的信息化辅助决策分析；可实现生产与运营活动的信息化、规范化迭代和优化。

三是与价值创造的对象有关的能力。企业应具备职能驱动的与价值创造的对象有关的能力，可实现用户服务活动的信息化收集、分析和规范管理；可实现用户服务活动的信息化、规范化响应和执行；可实现用户服务活动的信息化辅助决策分析；可实现用户服务活动的信息化、规范化迭代和优化。

四是与价值创造的合作伙伴有关的能力。企业应具备职能驱动的与价值创造的合作伙伴有关的能力，可实现供应链或产业链合作活动的信息化收集、分析和规范管理；可实现供应链或产业链合作活动的信息化、规范化响应和执行；可实现供应链或产业链合作活动的信息化辅助决策分析；可实现供应链或产业链合作活动的信息化、规范化迭代和优化。

五是与价值创造的主体有关的能力。企业应具备职能驱动的与价值创造的主体有关的能力，可实现人才开发和知识分享活动的信息化收集、分析和规范管理；可实现人才开发和知识分享活动的信息化、规范化响应和执行；可实现人才开发和知识分享活动的信息化辅助决策分析；可实现人才开发与知识分享活动的信息化、规范化迭代和优化。

六是与价值创造的驱动要素有关的能力。企业应具备职能驱动的与价值创造的驱动要素有关的能力，可应用信息技术手段实现数据应用活动相关数据（包括但不限于业务数据、数据应用行为数据等）的信息化收集、分析和规范化管理；可实现数据应用活动的信息化、规范化响应和执行；可实现数据应用活动的信息化辅助决策分析；可实现数据应用活动的信息化、规范化迭代和优化。

（3）系统性解决方案评价域

企业应发挥职能驱动作用，围绕数据、技术、流程和组织四要素，构建必要的系统性解决方案，支撑规范级能力打造和业务规范化运行。

一是数据采集、集成共享与开发利用。企业可应用信息技术手段实现与业务信息化规范管理以及业务集成相关的数据的收集录入；应用信息技术手段实现与业务信息化规范管理以及业务集成相关数据的集中管理与交换；必要时，开展与业务信息化规范管理以及业务集成相关的数据标准化建设；应用信息技术手段实现业务流程的信息化，支持实现业务信息化规范管理和集成。

二是技术集成、融合和创新。 企业应使设备设施具备数据采集、数字控制、辅助应用和优化等相关功能；配置必要的信息技术基础设施，实现信息技术基础设施的集成管理，支持实现业务信息化规范管理和集成；部署和应用与业务信息化规范管理以及业务集成相关的软件；建设应用网络支持业务信息化规范管理和集成，实现网络及相关网络资源的集成管理；应用虚拟、云化的服务器等计算和存储资源，支持实现业务的信息化规范管理和集成。

三是流程优化和管控。 企业应根据规范级能力建设需求，完成与业务信息化规范管理以及业务集成相关的业务流程优化设计；制定实施服务于业务信息化规范管理和集成的业务流程文件；应用信息技术手段实现业务流程规范化管理和集成管控。

四是职能职责调整、人员优化配置。 企业应完成与业务信息化规范管理以及业务集成相关的职能职责调整；在业务信息化规范管理以及业务集成等相关岗位，配备具备相应信息化专业能力和从业经验的人员。

（4）治理体系评价域

企业应建立以控制为核心的治理体系，确保实现业务信息化规范管理和集成。

一是企业在数字化领导力方面需满足： 建立以控制为核心的新一代信息技术应用意识培养和能力提升机制，确保实现业务信息化规范管理和集成；将新一代信息技术应用纳入战略规划，建立以应用新一代信息技术实现业务信息化规范管理和集成为主要职责的信息化领导机制；由信息部门牵头、相关业务等部门配合，建立信息化战略／规划执行活动的信息化规范管理机制。

二是企业在数字化治理方面需满足： 建立并有序执行与新一代信息技术应用相关的制度体系，保障业务信息化规范管理和集成；设立专职信息化岗位，开展信息化人才的招聘、培养和考核；设立信息化资金预算，能够满足业务信息化规范管理与业务集成的要求；将数据作为管理对象，开展必要的数据治理工作，确保业务信息化规范管理与运行对数据的要求；围绕提升业务信息化规范管理和集成的安全可控水平，建立核心信息技术、信息系统等的规范级安全可控机制。

三是企业在数字化组织机制、数字化协作体系方面需满足： 建立与业务信息化规范管理和集成相匹配的职能驱动的科层制组织结构；设置与业务信息化规范管理和集成相匹配的信息化职能职责（包括但不限于信息化主管部门以及业务等相关部门、岗位／角色的职能职责）；与业务信息化规范管理和集成相匹配，建立人与人之间标准化、信息化的协作体系。

四是企业在数字化管理方式、数字化工作方式方面需满足： 以控制为核心，设置与业务信息化规范管理和集成相匹配的职能驱动的标准化管理方式；建立与业务信息化规范管理和集成相匹配的职能驱动的标准化工作方式。

五是企业在数字化组织文化方面需满足：具有明确的企业文化，企业管理决策和行为主要以履职尽责为准则；建立基于"经济人"假设的以控制为核心的企业文化体系，通过信息技术的广泛深入应用满足员工对物质利益的需求。

（5）业务创新转型评价域

企业应基于规范级能力赋能，在主营业务范围内，应用新一代信息技术实现业务和运营管理活动的规范化运行。

一是业务数字化。企业应在产品数字化、研发数字化、生产数字化、服务数字化和管理数字化等一个或多个业务活动实现信息化、规范化运行。

产品数字化，包括但不限于：产品或其配套装置具备数据采集、信息化控制、辅助应用和优化等相关功能。

研发数字化，包括但不限于：实现研发设计的信息化规范管理；实现产品研发／工艺设计周期缩短、成本降低等。

生产数字化，包括但不限于：实现生产活动的信息化规范管理；实现产能／设备设施利用率提升、生产周期缩短、生产成本降低、产品质量提高等。

服务数字化，包括但不限于：实现用户服务活动的信息化规范管理；实现用户服务响应速度提升、用户满意度提高等。

管理数字化，包括但不限于：实现寻源比价、采购交易、成本控制、质量管控和供应商管理等采购活动的信息化规范管理，实现采购效率提升、采购成本降低等；实现用户关系、销售预测、交易和交付等销售活动的信息化规范管理，实现潜在用户转化效率提升、营销销售成本降低等；实现人员招聘、培训、任用和绩效考核等人力资源活动的信息化规范管理，实现人力资源开发和利用效率提升、人力资源管理成本降低等；实现财务活动的信息化规范管理，实现财务结算速度提升、财务管理成本降低等；实现设备点检、检修和维护等关键活动的信息化规范管理，实现设备利用效率提升、设备维护成本降低等；实现质量报表、质量结果等信息化规范管理，实现质量管理效率提升、质量管理成本降低等；实现重点耗能单位／重大污染源的信息化规范管理，实现节能减排；实现重大危险源监控、预警等安全生产活动的信息化规范管理，持续实现安全生产水平提升等；实现项目计划、关键节点控制等项目活动的信息化规范管理，实现项目管理成本降低、执行效率提升等。

二是业务集成融合。有条件的企业，在业务信息化规范管理的基础上，应实现经营管理与作业现场活动之间的信息化集成管理、产品全生命周期各环节之间的信息化集成管理、供应链/产业链各环节之间的信息化集成管理等，实现关键业务活动的集成水平提升。

三是业务模式创新。有条件的企业，在关键业务活动信息化、规范化运行的基础上，开展主营业务范围内的规范级业务运行和管理模式创新，实现业务网络化集成管理、延伸服务或增值服务的信息化规范管理、定制业务的信息化规范管理等。

四是数字业务培育。有条件的企业可应用信息技术开展数据资源管理、数据资产化运营，对外提供数字业务服务并实现其信息化规范管理。

3. 场景级

（1）发展战略评价域

一是竞争合作优势。企业应在主场景业务范围内，构建和形成基于业务创新的成本、效率和质量等一个或多个方面的竞争优势；通过数字化的业务主场景建设，在多样化创新型产品的价格、性能、服务等一个或多个方面构建和形成竞争优势。

二是业务场景。企业应部署实现业务主场景有关业务活动数字化、模型化和模块化；低成本、高效率和高质量实现业务主场景相关业务活动的柔性运转和动态协同。

三是价值模式。企业应构建和形成基于场景级能力的价值点复用模式，基于场景级能力赋能，降低业务活动的专业门槛，提高业务活动的水平成效，扩大业务活动的参与范围，通过场景级能力的重复使用，实现业务成本降低、效率提升和质量提高等价值效益；基于场景级能力提升对不确定性的柔性响应水平，通过满足业务主场景相关业务活动的多样化需求，扩大价值创造空间。

（2）新型能力评价域

企业应依据《数字化转型 参考架构》给出的新型能力主要视角，建成有效支撑主营业务范围内关键业务数字化、场景化和柔性化运行的场景级能力。场景级能力包括但不限于面向主场景的产品创新和研发设计、生产与运营管控、用户服务、供应链或产业链合作、人才开发与知识赋能、数据开发等与价值创造的载体、过程、对象、合作伙伴、主体和驱动要素等有关的场景级能力以及其相互整合和重构形成的场景级能力。场景级新型能力评价域要求见表2-1。

一是与价值创造的载体有关的能力。企业应具备技术使能的与价值创造的载体有关的能力，可感知、可分析产品创新和研发设计活动；可快速响应和高效执行产品创新和研发设计的动态需求；可实现产品创新和研发设计活动的模型推理型决策和预测预警；可实现产品创新和研发设计关键业务技能的快速迭代。

表2-1　场景级新型能力评价域要求

与价值创造的载体有关的能力	与价值创造的过程有关的能力	与价值创造的对象有关的能力	与价值创造的合作伙伴有关的能力	与价值创造的主体有关的能力	与价值创造的驱动要素有关的能力
可感知、可分析产品创新和研发设计活动	可感知、可分析生产与运营管控活动	可感知、可分析用户服务关键业务活动	可感知、可分析供应链或产业链合作的关键业务活动	可感知、可分析人才开发和知识赋能等关键业务活动	可感知、可分析关键业务活动相关数据
可快速响应和高效执行产品创新和研发设计的动态需求	可快速响应和高效执行生产与运营计划、协调、控制等的动态需求	可快速响应和高效执行用户服务关键业务活动的动态需求	可快速响应和高效执行供应链或产业链合作关键业务活动的动态需求	可快速响应和高效执行人才开发和知识赋能关键业务活动的动态需求	可构建场景级模型，支持实现关键业务的柔性运行和动态协同
可实现产品创新和研发设计活动的模型推理型决策和预测预警	可实现生产与运营活动的模型推理型决策和预测预警	可实现用户服务关键业务活动的模型推理型决策和预测预警	可实现供应链或产业链关键业务活动的模型推理型决策和预测预警	可实现人才开发和知识赋能关键业务活动的模型推理型决策和预测预警	可构建场景级模型，支持实现关键业务的模型推理型决策和预测预警
可实现产品创新和研发设计关键业务技能的快速迭代	可实现生产与运营关键业务技能的快速迭代	可实现用户服务关键业务技能的快速迭代	可实现供应链或产业链合作关键业务技能的快速迭代	可实现人才开发和知识赋能关键业务活动技能的快速迭代	可实现关键业务模型的动态迭代和协同优化

二是与价值创造的过程有关的能力。企业应具备技术使能的与价值创造的过程有关的能力，可感知、可分析生产与运营管控活动；可快速响应和高效执行生产与运营计划、协调、控制等的动态需求；可实现生产与运营活动的模型推理型决策和预测预警；可实现生产与运营关键业务技能的快速迭代。

三是与价值创造的对象有关的能力。企业应具备技术使能的与价值创造的对象有关的能力，可感知、可分析用户服务关键业务活动；可快速响应和高效执行用户服务关键业务活动的动态需求；可实现用户服务关键业务活动的模型推理型决策和预测预警；可实现用户服务关键业务技能的快速迭代。

四是与价值创造的合作伙伴有关的能力。企业应具备技术使能的与价值创造的合作伙伴有关的能力，可感知、可分析供应链或产业链合作的关键业务活动；可快速响应和高效执行供应链或产业链合作关键业务活动的动态需求；可实现供应链或产业链关键业务活动的模型推理型决策和预测预警；可实现供应链或产业链合作关键业务技能的快速迭代。

五是与价值创造的主体有关的能力。企业应具备技术使能的与价值创造的主体有关的能力，可感知、可分析人才开发和知识赋能等关键业务活动；可快速响应和高效执行人才开发和知识赋能关键业务活动的动态需求；可实现人才开发和知识赋能关键业务活动的模型推理型决策和预测预警；可实现人才开发和知识赋能关键业务活动技能的快速迭代。

六是与价值创造的驱动要素有关的能力。 企业应具备技术使能的与价值创造的驱动要素有关的能力，可感知、可分析关键业务活动相关数据；可构建场景级模型，支持实现关键业务的柔性运行和动态协同；可构建场景级模型，支持实现关键业务的模型推理型决策和预测预警；可实现关键业务模型的动态迭代和协同优化。

（3）系统性解决方案评价域

企业应发挥覆盖主场景的技术使能（数据驱动）作用，建立涵盖数据、技术、流程和组织四要素的协调联动和互动创新的场景级系统性解决方案，支撑场景级能力打造和业务数字化、场景化、柔性化（多样化、个性化）运行。

一是数据采集、集成共享与开发利用。 企业应能够自动采集业务主场景内设备设施、业务活动的主要数据；实现业务主场景内数据互联互通和集中管理；实现关键业务领域数据的标准化，数据质量达到场景级开发利用要求；实现支持主场景业务活动柔性化运行和动态协同的模型开发。

二是技术集成、融合和创新。 企业应根据场景级能力建设需求，对设备设施进行必要的数字化、网络化和智能化改造升级；在业务主场景中应用必要的 IT 软硬件、信息系统及云基础设施；建设覆盖主场景业务活动范围（例如，生产作业或服务场所等）的互联网络。

三是流程优化和管控。 企业应根据场景级能力建设需求，完成关键业务流程动态优化设计；制定并实施覆盖主场景关键业务活动的业务流程文件，对关键业务流程相关的部门或内容进行界定；应用数字化技术手段实现关键业务流程运行的动态跟踪、管控和优化。

四是职能职责调整、人员优化配置。 企业应根据场景级能力建设要求，实现主场景关键业务流程职责的动态调整和优化，以及相关部门、岗位等职责的动态匹配调整；根据场景级能力对应的职能职责和岗位胜任要求，配置具有相应数字专业能力和从业经验的人员。

（4）治理体系评价域

企业应建立以结果为核心（导向）的治理体系，确保实现关键业务数字化、场景化和柔性化（多样化、个性化）运行。

一是企业在数字化领导力方面需满足： 建立以结果为核心（导向）的数字化业务场景建设意识培养和能力提升机制，确保实现研发、生产、用户服务或经营管理等关键业务数字化、场景化和柔性化运行；数字化业务场景建设和关键业务数字化、场景化、柔性化（多样化、个性化）运行成为战略规划的重要组成部分，建立涵盖高层分管领导及数字化专职部门的数字化领导机制；由数字化、业务等相关部门共同负责、协调联动，至少在一个主场景，开展场景级战略／规划执行活动的数字化管理，建立战略／规划执行活动全要素、全员或全过程数字化动态跟踪、管控和优化机制。

二是企业在数字化治理方面需满足： 建立业务主场景范围内数据、技术、流程和组织四要素的数字化管理制度体系，实现四要素的有效管理和优化；设立专职数字化岗位，开展数字化人才的招聘、培养和考核；将数字化资金投入、纳入相关财务预算，确保资金投入适宜、及时、持续和有效；将数据作为关键资源，围绕关键业务数字化、场景化和柔性化运行，建立涵盖数据采集、集成共享和开发利用等的数据治理体系；应用或自主研发安全可控的关键技术或产品，开展数据备份、准入控制和日志审计等，实现信息安全防护。

三是企业在数字化组织体系、数字化协作体系方面需满足： 建立与关键业务数字化、场景化和柔性化运行相匹配的技术使能（数据驱动）的矩阵型组织结构；设置与关键业务数字化、场景化和柔性化运行相匹配的场景级数字化职能职责（包括但不限于高层领导，数字化、业务等相关部门共同负责、协调联动，以及岗位／角色等的职能职责）；建立实现业务主场景范围内人、机、物之间数字化动态协同的协作体系。

四是企业在数字化管理方式、数字化工作方式方面需满足： 以结果为核心（导向），设置与关键业务数字化、场景化、柔性化运行相匹配的技术使能（数据驱动）、机器智能辅助的赋能型柔性管理方式；建立与关键业务数字化、场景化、柔性化运行相匹配的技术使能（数据驱动）、机器智能辅助的赋能型柔性工作方式。

五是企业在数字化组织文化方面需满足： 具有明确的企业文化，企业管理决策和行为主要以获取最大价值成效为准则；建立基于"社会人"假设的以结果为核心（导向）的企业文化体系，通过数字业务场景建设满足员工多样化发展的需求。

（5）业务创新转型评价域

企业应基于场景级能力赋能，在关键业务范围内，形成覆盖主场景的技术使能（数据驱动）的关键业务数字化、场景化和柔性化（多样化、个性化）运行模式。

一是业务数字化。 企业应在产品数字化、研发数字化、生产数字化、服务数字化和管理数字化等一个或多个业务活动实现数字化、场景化和柔性化运行。

产品数字化，包括但不限于：产品或其配套装置可被识别和感知，支持相关方对其状态进行动态跟踪、识别、监测、控制和优化等；有条件的企业可支持售后服务部门等基于可被识别和感知的产品或装置实现在线检测、远程故障诊断与预警等，以提升相关服务能力和水平。

研发数字化，包括但不限于：实现模型驱动的产品研发、工艺设计和仿真验证等数字化研发设计；持续实现产品研发／工艺设计周期缩短、成本降低、多样性提升等。

生产数字化，包括但不限于：实现模型驱动的计划、调度、生产作业、检测和物流等数字化生产；持续实现产能／设备设施利用率提升、生产周期缩短、生产成本降低、产品质量提高等。

服务数字化，包括但不限于：实现模型驱动的营销、销售、售后和用户体验等数字化服务；实现销售订单、物流配送、售后等服务可视化跟踪、监测与管控；持续实现用户服务响应速度提升、用户满意度提高等。

管理数字化，包括但不限于：实现寻源比价、采购交易、成本控制、质量管控和供应商管理等采购活动的数字化管理和动态联动响应，持续实现采购效率提升、采购成本降低等；实现用户关系、销售预测、交易和交付等销售活动的数字化管理和动态联动响应，持续实现潜在用户转化效率提升、营销销售成本降低等；实现人员招聘、培训、任用和绩效考核等人力资源活动的数字化管理和动态联动响应，持续实现人力资源开发和利用效率提升、人力资源管理成本降低等；实现财务活动的数字化管理和动态联动响应，持续实现财务结算速度提升、财务管理成本降低等；实现设备点检、检修和维护等关键活动的数字化管理和动态联动响应，持续实现设备利用效率提升、设备维护成本降低等；实现质量报表、质量结果等数字化管理和动态联动响应，持续实现质量管理效率提升、质量管理成本降低等；实现重点耗能单位／重大污染源的数字化动态监控和预警等，持续实现节能减排；实现重大危险源监控、预警等安全生产活动的数字化管理和动态联动响应，持续实现安全生产水平提升等；实现项目计划、关键节点控制等项目活动的数字化管理和动态联动响应，持续实现项目管理成本降低、执行效率提升等。

二是业务集成融合。有条件的企业，在业务数字化的基础上，应实现主营业务范围内关键业务场景相关活动的集成融合和协调联动，实现关键业务活动的整体效率和柔性运行水平提升。

三是业务模式创新。有条件的企业，在关键业务活动在线化运行的基础上，应实现主营业务范围内的场景级关键业务运行和管理模式创新，实现关键业务场景化和体系化升级、多样化响应水平提高等。

四是数字业务培育。有条件的企业可基于关键业务活动相关数据资源的管理和开发利用，开展数据资产化运营，形成关键业务活动范围内场景级数字业务，开辟业务场景化价值，创造新空间。

4. 领域级

（1）发展战略评价域

一是竞争合作优势。 企业应基于企业主营业务活动集成融合、动态协同和一体化运行，构建和形成企业总体成本、效率和质量等竞争优势，或领域级的产品领先、运营卓越、用户体验与服务等竞争优势；基于供应链上下游或产业链组织之间的动态协调联动，构建和形成供应链或产业链级的产品创新、业务协同和用户服务等协同竞争优势。

二是业务场景。 企业应部署实现主营业务活动流程全程贯通、重构、动态协调联动和一体化运行；低成本、高效率、高质量响应多样化、定制化的产品或服务需求。

三是价值模式。 企业应构建和形成基于领域级能力的价值链整合模式，基于领域级能力的赋能作用，提升主营业务活动的集成融合、动态协同和一体化运行水平，获得企业整体的成本降低、效率提升、质量提高等价值效益；基于领域级能力提高企业主营业务领域资源全局柔性（按需）配置和对不确定性的整体响应水平，通过满足用户多样化、定制化需求，扩大价值创造空间。

（2）新型能力评价域

企业应依据《数字化转型 参考架构》给出的新型能力主要视角，建成有效支撑主营业务活动集成融合、动态协同和一体化运行的领域级能力。领域级能力包括但不限于面向全企业的研发创新、生产与运营管控、用户服务、供应链或产业链合作、人才开发与知识赋能、数据开发等与价值创造的载体、过程、对象、合作伙伴、主体和驱动要素等有关的领域级能力，以及其相互整合和重构形成的领域级能力。领域级新型能力评价域要求见表2-2。

表2-2　领域级新型能力评价域要求

与价值创造的载体有关的能力	与价值创造的过程有关的能力	与价值创造的对象有关的能力	与价值创造的合作伙伴有关的能力	与价值创造的主体有关的能力	与价值创造的驱动要素有关的能力
可动态感知和协同分析产品生命周期研发创新活动	可动态感知和协同分析生产与运营主流程活动	可动态感知和协同分析用户服务全生命周期活动	可动态感知和协同分析供应链或产业链全过程协同与合作等活动	可动态感知和协同分析人才开发和知识赋能相关活动	可动态感知和协同分析产品生命周期管理、供应链或产业链协同等相关数据
可动态响应和柔性执行产品生命周期研发创新活动的多样化需求	可动态响应和柔性执行生产与运营主流程的多样化需求	可动态响应和柔性执行多样化、定制化的用户需求	可动态响应和柔性执行供应链或产业链全过程合作的多样化需求	可动态响应和柔性执行人才开发和知识赋能的多样化需求	可构建领域级模型，支持实现全组织（企业）主要业务的柔性运行和动态协同

与价值创造的载体有关的能力	与价值创造的过程有关的能力	与价值创造的对象有关的能力	与价值创造的合作伙伴有关的能力	与价值创造的主体有关的能力	与价值创造的驱动要素有关的能力
可实现产品生命周期研发创新的模型推理型决策和预测预警	可实现生产与运营主流程的模型推理型决策和预测预警	可实现用户服务主流程的模型推理型决策和预测预警	可实现供应链或产业链全过程合作的模型推理型决策和预测预警	可实现人才开发和知识赋能的模型推理型决策和预测预警	可构建领域级模型,支持实现主要业务的模型推理型决策和预测预警
可实现产品生命周期创新的动态迭代和协同优化	可实现一体化生产与运营的动态迭代和协同优化	可实现全生命周期用户服务的动态迭代和协同优化	可实现供应链或产业链全过程合作的动态迭代和协同优化	可实现人才开发和知识试赋能的动态迭代和协同优化	可实现全组织(企业)主要业务模型的动态迭代和协同优化

一是与价值创造的载体有关的能力。企业应具备知识驱动的与价值创造的载体有关的能力,可动态感知和协同分析产品寿命周期研发创新活动;可动态响应和柔性执行产品寿命周期研发创新活动的多样化需求;可实现产品寿命周期研发创新的模型推理型决策和预测预警;可实现产品寿命周期创新的动态迭代和协同优化。

二是与价值创造的过程有关的能力。企业应具备知识驱动的与价值创造的过程有关的能力,可动态感知和协同分析生产与运营主流程活动;可动态响应和柔性执行生产与运营主流程的多样化需求;可实现生产与运营主流程的模型推理型决策和预测预警;可实现一体化生产与运营的动态迭代和协同优化。

三是与价值创造的对象有关的能力。企业应具备知识驱动的与价值创造的对象有关的能力,可动态感知和协同分析用户服务全生命周期活动;可动态响应和柔性执行多样化、定制化的用户需求;可实现用户服务主流程的模型推理型决策和预测预警;可实现全生命周期用户服务的动态迭代和协同优化。

四是与价值创造的合作伙伴有关的能力。企业应具备知识驱动的与价值创造的合作伙伴有关的能力,可动态感知和协同分析供应链或产业链全过程协同与合作等活动;可动态响应和柔性执行供应链或产业链全过程合作的多样化需求;可实现供应链或产业链全过程合作的模型推理型决策和预测预警;可实现供应链或产业链全过程合作的动态迭代和协同优化。

五是与价值创造的主体有关的能力。企业应具备知识驱动的与价值创造的主体有关的能力,可动态感知和协同分析人才开发和知识赋能相关活动;可动态响应和柔性执行人才开发和知识赋能的多样化需求;可实现人才开发和知识赋能的模型推理型决策和预测预警;可实现人才开发和知识赋能的动态迭代和协同优化。

六是与价值创造的驱动要素有关的能力。企业应具备知识驱动的与价值创造的驱动要素有关的能力，可动态感知和协同分析产品生命周期管理、供应链或产业链协同等相关数据；可构建领域级模型，支持实现全组织（企业）主要业务的柔性运行和动态协同；可构建领域级模型，支持实现主要业务的模型推理型决策和预测预警；可实现全组织（企业）主要业务模型的动态迭代和协同优化。

（3）系统性解决方案评价域

企业应发挥覆盖全企业的知识驱动作用，建立涵盖数据、技术、流程和组织四要素的协调联动和互动创新领域级系统性解决方案，支撑领域级能力打造和业务集成融合、动态协同和一体化运行。

一是数据采集、集成共享与开发利用。企业应能够自动采集主营业务领域内的主要业务流程数据；实现主要业务相关数据的互联互通和集成管理；实现主要业务相关产品、物料和人员等主要数据的标准化，数据质量达到领域级开发利用要求；实现支持主要业务集成融合、动态协同和一体化运行的模型开发。

二是技术集成、融合和创新。企业应围绕领域级能力建设，建立设备设施集控平台，实现对主要设备设施的互联互通和协同优化；实现关键设备设施与经营管理层信息技术系统和其他业务信息系统之间的集成互联；根据主要业务集成融合、动态协同和一体化运行的要求，对信息技术软硬件、云基础设施等进行统一规划、综合集成和优化利用；构建传感网络，实现关联设备设施之间的互联互通和集成优化，实现IT网络和OT网络的互联互通。

三是流程优化和管控。企业应构建覆盖企业所有业务活动的业务流程模型，围绕主要业务流程贯通和重构，完成端到端业务流程动态优化设计；制定和实施支持实现所有业务流程动态协同与全局优化的业务流程文件，对流程节点、接口关系和数据流进行定义，明确流程与企业业务体系的关联关系；应用数字化技术手段实现企业所在领域全部主场景内所有业务流程的运行状态动态跟踪和管控。

四是职能职责调整、人员优化配置。企业应根据领域级能力建设要求，实现与业务一体化运行和全局优化所有相关流程职责、岗位职责的动态匹配调整和协调运转；根据领域级能力对应的职能职责和岗位胜任要求，配置具有相应数字专业能力和从业经验的人员。

（4）治理体系评价域

企业应建立以敏捷为核心的治理体系，确保实现领域级（企业级）主要业务活动全面集成融合、柔性协同和一体化运行。

一是企业在数字化领导力方面需满足：建立以敏捷为核心的数字企业建设意识培养和能力提升机制，确保实现企业主要业务活动全面集成融合、柔性协同和一体化运行；数字化转型成为主要决策者及全组织（企业）的主要职能职责，建立以构建数字企业，实现企业主要业务活动全面集成融合、柔性协同和一体化运行为主要职责的数字化领导机制；由企业所有相关部门共同负责、协调联动，开展领域级（企业级）战略/规划执行活动的数字化管理，建立全企业战略/规划执行活动全要素、全员和全过程的数字化动态跟踪、协同管控和全局优化机制。

二是企业在数字化治理机制建设方面需满足：以架构统筹为核心建立知识驱动型的数字化管理制度体系，明确主要业务活动相关的数据、技术、流程和组织四要素的协同管理以及优化的程序和方法，实现四要素动态管理和全局优化；设立数字化岗位和职位序列，纳入人力资源体系，根据关键绩效指标开展数字化人才绩效考核；设置数字化相关专项预算，确保资金投入适宜、及时、持续和有效；基于数据形成知识资产，围绕企业主要业务活动全面集成融合、柔性协同和一体化运行，建立涵盖数据资产管理、知识赋能等的数据治理体系；针对大型集成应用系统或成套数字化设备设施应用/自主研发安全可控的系统级关键技术或产品建立信息安全责任制，开展行为管理、流量控制、运维分析和漏洞扫描监控等，实现信息安全的过程管理。

三是企业在数字化组织体系、数字化协作体系方面需满足：建立与全企业主要业务集成融合、动态协同和一体化运行相适应的知识驱动型的流程型企业结构；设置与全组织（企业）主要业务活动全面集成融合、柔性协同和一体化运行相匹配的数字化职能职责（包括但不限于主要决策者，企业所有相关部门共同负责、协调联动，全员等的职能职责）；建立企业所在领域的全部主场景内人、机、物之间数字化动态协同和全局优化的协作体系。

四是企业在数字化管理方式、数字化工作方式方面需满足：以敏捷为核心，设置与全组织（企业）主要业务活动全面集成融合、柔性协同和一体化运行相匹配的知识驱动、人机交互的赋能型敏捷管理方式，能够进行覆盖企业全局的协同计划、组织、协调、控制和指挥等管理活动；建立与企业所在领域的全部主场景内主要业务活动全面集成融合、柔性协同和一体化运行相匹配的知识驱动、人机交互的赋能型敏捷工作方式。

五是企业在数字化组织文化方面需满足：倡导用户满意价值观，企业管理决策和行为主要以用户满意为准则；建立基于"知识人"假设的以敏捷为核心的数字化组织文化体系，通过数字企业建设满足员工知识创造的需求。

（5）业务创新转型评价域

企业应在业务主场景均实现数字化运行的基础上，基于领域级能力赋能，在主营业务领域沿着纵向管控（资源链）、供应链或产业链（价值链）和产品生命周期（产品链）等维度实现主要业务活动全面集成融合、柔性协同和一体化运行。

一是业务数字化。业务数字化包括但不限于产品数字化、研发数字化、生产数字化、服务数字化和管理数字化。

产品数字化，包括但不限于：基于数字化产品或相关配套装置，实现企业内部以及企业与用户、合作伙伴等之间相关业务活动的动态协同与优化；有条件的企业可基于数字化产品或装置，形成沿产品寿命周期的延伸服务和衍生服务。

研发数字化，包括但不限于：实现知识模型驱动的多专业、多学科和多部门并行协同研发设计；有条件的企业可实现基于产品智能模型的多专业、多学科和多部门并行协同研发设计；实现研发设计与市场、采购、生产、交付和服务等业务的数据贯通和动态协调联动。

生产数字化，包括但不限于：实现知识模型驱动的生产全流程动态协同管控和迭代优化；有条件的企业可实现基于生产智能模型的生产全流程动态协同管控和迭代优化；实现生产与采购、供应链管理、研发、交付和服务等业务的数据贯通和集成联动。

服务数字化，包括但不限于：实现知识模型驱动的服务全过程的动态协同；有条件的企业可实现基于服务智能模型的服务全过程的动态协同；实现用户服务与企业内部相关业务环节的数据贯通和集成联动。

管理数字化，包括但不限于：实现采购全过程的数字化集成管理和动态联动响应；实现销售全过程的数字化集成管理和动态联动响应；实现人力资源管理全过程的数字化集成管理和动态联动响应；实现财务与主要业务的数字化集成管理和动态联动响应；实现设备设施生命周期的数字化集成管理和动态联动响应；实现质量全过程的数字化集成管理和动态联动响应；实现能源供应和使用过程／污染产生和排放过程的数字化集中监控、集成管理和动态联动响应；实现安全生产全过程的数字化集成管理和动态联动响应；实现项目生命周期的数字化集成管理和动态联动响应；有条件的企业可实现基于管理智能模型的主要管理活动全过程智能管理。

二是业务集成融合。纵向管控集成方面，包括但不限于：在经营管理与生产／作业现场之间实现知识驱动的数据互联互通、资源动态匹配和业务协同优化等；持续实现订单交付／交货周期缩短、多品种小批量或多样化生产能力提升等。

产品全生命周期集成方面，包括但不限于：沿产品生命周期实现主要业务流程的全程贯通和重构，实现知识驱动的数据互联互通、资源动态匹配和业务协同优化等；持续实现新产品上市周期缩短、产品生命周期延伸服务和衍生服务创新水平提升等。

供应链或产业链集成方面，包括但不限于：沿供应链或产业链实现主要业务流程的全程贯通和重构，实现知识驱动的数据互联互通、资源动态匹配和业务协同优化等；持续实现企业价值链成本降低、价值链效率提升、产品质量提高，以及沿价值链延伸服务创新水平和用户定制化需求柔性响应水平提升等。

三是业务模式创新。有条件的企业在主营业务活动全面集成融合、柔性协同和一体化运行的基础上，实现企业整体业务运行和管理模式创新，实现供应链上下游或产业链企业间整体资源配置效率提升等。

四是数字业务培养。有条件的企业基于主营业务领域内数据资源管理和开发利用，开展数据资产化运营，形成主营业务范围内领域级数字业务，开辟价值创造新空间。

5. 平台级

（1）发展战略评价域

一是竞争合作优势。企业应基于企业内外部资源的平台化、社会化动态优化配置，构建和形成数据驱动（知识驱动）的产品快速迭代、平台化运营、个性化用户体验与服务等竞争合作优势；基于平台合作伙伴之间业务的网络化协同和社会化协作，构建和形成跨产业链的产品创新、业务模式创新和跨界增值服务等竞争合作优势。

二是业务场景。企业应部署实现基于大数据的企业内外部资源平台化、社会化动态匹配和业务按需协同；以用户为中心按需提供网络化产品群、产品全生命周期、产品全价值链等多维服务。

三是价值模式。企业应构建形成基于平台级能力的价值网络多样化创新模式，基于平台级能力的赋能作用，提升平台企业的网络化协同和社会化协作创新发展水平，获取价值链或产业链整体成本降低、效率提高、产品和服务创新、用户连接与赋能等价值效益；基于平台级能力提高价值链或产业链资源全局动态配置和对不确定性的整体响应水平，通过满足用户个性化、全周期和全维度需求，扩大价值创造空间。

（2）新型能力评价域

企业应依据《数字化转型 参考架构》给出的新型能力主要视角，建成有效支撑网络化协同和社会化协作的平台级能力。平台级能力包括但不限于面向平台化和社会化的研发创新、生产与运营管控、用户服务、供应链或产业链合作、人才开发与知识赋能、数据开发等与价值创造的载体、过程、对象、合作伙伴、主体和驱动要素等有关的平台级能力，以及其相互整合和重构形成的平台级能力。平台级新型能力评价域要求见表2-3。

表2-3 平台级新型能力评价域要求

与价值创造的载体有关的能力	与价值创造的过程有关的能力	与价值创造的对象有关的能力	与价值创造的合作伙伴有关的能力	与价值创造的主体有关的能力	与价值创造的驱动要素有关的能力
可在线动态感知和实时分析智能产品群、产品全生命周期、产品全价值链等创新活动	可在线动态感知和实时分析平台化、社会化的生产与运营活动	可在线动态感知实时分析用户服务全生命周期等活动	可在线动态感知和实时分析供应链或产业链全过程协同与合作等活动	可在线动态感知和实时分析人才开发和知识赋能全生命周期活动	可在线动态感知和实时分析平台化、社会化服务相关数据

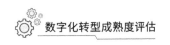

与价值创造的载体有关的能力	与价值创造的过程有关的能力	与价值创造的对象有关的能力	与价值创造的合作伙伴有关的能力	与价值创造的主体有关的能力	与价值创造的驱动要素有关的能力
可在线敏捷响应和精准执行个性化、全周期、全维度研发创新活动需求	可在线敏捷响应和精准执行个性化、全维度、全周期生产与运营活动需求	可在线敏捷响应和精准执行个性化、全维度的用户需求	可在线敏捷响应和精准执行个性化、全维度、全周期供应链或产业链合作需求	可在线敏捷响应和精准执行个性化、全生命周期、全维度人才开发和知识赋能活动的需求	可构建基于平台大数据的平台级模型，支持实现平台化业务的在线敏捷响应和精准执行
可实现平台化研发创新的大数据决策和预测预警	可实现平台化生产与运营的大数据决策和预测预警	可实现平台化用户服务的大数据决策和预测预警	可实现平台化供应链或产业链协同与合作的大数据决策和预测预警	可实现平台化人才开发和知识赋能的大数据决策和预测预警	可构建基于平台大数据的平台级模型，支持实现平台化服务的模型推理型决策和预测预警
可实现平台化研发创新的社会化迭代和学习优化	可实现平台化生产与运营的社会化迭代和学习优化	可实现平台化用户服务的社会化迭代和学习优化	可实现平台化供应链或产业链协同的社会化迭代和学习优化	可实现平台化人才开发和知识赋能的社会化迭代和学习优化	可实现平台级模型的社会化迭代和学习优化

一是与价值创造的载体有关的能力。企业应具备数据驱动的与价值创造的载体有关的能力，可在线动态感知和实时分析智能产品群、产品全生命周期、产品全价值链等创新活动；可在线敏捷响应和精准执行个性化、全周期、全维度研发创新活动需求；可实现平台化研发创新的大数据决策和预测预警；可实现平台化研发创新的社会化迭代和学习优化。

二是与价值创造的过程有关的能力。企业应具备数据驱动的与价值创造的过程有关的能力，可在线动态感知和实时分析平台化、社会化的生产与运营活动；可在线敏捷响应和精准执行个性化、全维度、全周期生产与运营活动需求；可实现平台化生产与运营的大数据决策和预测预警；可实现平台化生产与运营的社会化迭代和学习优化。

三是与价值创造的对象有关的能力。企业应具备数据驱动的与价值创造的对象有关的能力，可在线动态感知和实时分析用户服务全生命周期等活动；可在线敏捷响应和精准执行个性化、全周期、全维度的用户需求；可实现平台化用户服务的大数据决策和预测预警；可实现平台化用户服务的社会化迭代和学习优化。

四是与价值创造的合作伙伴有关的能力。企业应具备数据驱动的与价值创造的合作伙伴有关的能力，可在线动态感知和实时分析供应链或产业链全过程协同与合作等活动；可在线敏捷响应和精准执行个性化、全维度、全周期供应链或产业链合作需求；可实现平台化供应链或产业链协同与合作的大数据决策和预测预警；可实现平台化供应链或产业链协同的社会化迭代和学习优化。

五是与价值创造的主体有关的能力。企业应具备数据驱动的与价值创造的主体有关的能力，可在线动态感知和实时分析人才开发和知识赋能全生命周期活动；可在线敏捷响应和精准执行个性化、全生命周期、全维度人才开发和知识赋能活动的需求；可实现平台化人才开发和知识赋能的大数据决策和预测预警；可实现平台化人才开发和知识赋能的社会化迭代和学习优化。

六是与价值创造的驱动要素有关的能力。企业应具备数据驱动的与价值创造的驱动要素有关的能力，可在线动态感知和实时分析平台化、社会化服务相关数据；可构建基于平台大数据的平台级模型，支持实现平台化业务的在线敏捷响应和精准执行；可构建基于平台大数据的平台级模型，支持实现平台化服务的模型推理型决策和预测预警；可实现平台级模型的社会化迭代和学习优化。

（3）系统性解决方案评价域

企业应发挥覆盖平台用户群的数据驱动（知识驱动）作用，建立涵盖数据、技术、流程和组织四要素的协调联动和互动创新的平台级系统性解决方案，支撑平台级能力打造和业务模式创新。

一是数据采集、集成共享与开发利用。企业应能够在线自动获取覆盖平台化服务全要素、全员和全过程等的数据；构建覆盖平台相关企业之间数据共享机制和互联互通标准规范，数据质量达到平台级开发利用要求；建立数据交换平台等，实现企业内和企业之间多源异构数据的在线交换和集成共享；实现支持数据平台化共享的企业数据架构开发。

二是技术集成、融合和创新。企业应实现设备设施上云上平台；建立平台型企业系统架构，实现软件系统网络化、平台化、社会化的动态配置、共享应用和协同优化；实现企业 IT 网络、OT 网络与外部相关网络的互联互通，支持主要设备设施、业务活动等的平台化共享和协同优化；构建基础资源平台（设备、人力、资金）和数字能力（研发、制造、服务等）平台等，实现基础资源和能力的模块化、平台化部署，实现企业内及价值链相关方资源、能力的动态调用和配置。

三是职能职责调整、人员优化配置。企业应根据平台级能力建设要求，实现所有平台用户业务网络化、平台化、社会化协同相关端到端业务流程职责的动态调整和优化，以及相关部门（团队）和岗位等职责的动态匹配调整和协调运转；根据平台级能力对应的平台企业的职能职责和岗位胜任要求，配备具有相应数字专业能力和从业经验的人员，并通过平台赋能实现相关人员与岗位之间的动态匹配。

四是流程优化和管控。企业应围绕企业的平台化运行完成端到端的业务流程体系动态设计；制定和实施覆盖平台化协同业务流程的数据流程文件，基于平台级模型建立端到端业务流程的动态连接关系；实现数据驱动（知识驱动）的端到端业务流程的状态在线跟踪、过程管控和动态优化。

（4）治理体系评价域

企业应建立以开放为核心的治理体系，确保实现企业内和企业间的网络化、平台化和社会化业务模式创新。

一是企业在数字化领导力方面需满足：建立以开放为核心的平台企业建设意识培养和能力提升机制，确保实现网络化、平台化和社会化业务模式创新以及对外赋能服务；平台化发展成为主要决策者、企业全员及合作伙伴的主要职能职责，构建平台企业，实现网络化、平台化和社会化业务模式创新以及以对外赋能服务为主要职责的数字化协同领导机制；由企业所有相关部门共同负责、协调联动，平台合作伙伴深度参与，开展平台级战略执行活动的网络化、平台化管理，建立平台化社会化战略/规划执行活动全要素、全员和全过程的在线协同和动态优化机制。

二是企业在数字化治理方面需满足：应用平台架构方法构建数据驱动型（知识驱动型）的平台企业网络化、平台化管理制度体系，实现数据、技术、流程和组织四要素的平台化、社会化动态协同和互动创新；制定并实施平台化数字人才队伍建设规划，形成按价值和贡献分配的平台化、社会化的数字人才选拔、任用、考核、薪酬和晋升激励机制；设置平台级数字化转型专项预算，成为组织预算投入的核心组成部分；将数据作为驱动要素，围绕网络化、平台化、社会化业务模式创新以及对外赋能服务，建立涵盖数据开放共享、协同开发利用等数据治理体系；制定并实施安全可控的数字化转型整体解决方案路线图，实现关键核心技术、业务系统和设备设施的安全可控，建立可量化的安全防护措施和制度体系，核心数据可控、安全事件可追溯、安全策略可视化和运维自动化，实现主动性防御。

三是企业在数字化组织体系、数字化协作体系方面需满足：建立与网络化、平台化和社会化业务模式创新以及对外赋能服务相匹配的数据驱动（知识驱动）的平台型企业结构；按照平台企业架构设置覆盖企业全员、全过程的数字化转型职能职责及沟通协调机制；建立人、机、物之间平台化在线动态协同优化的协作体系。

四是企业在数字化管理方式、数字化工作方式方面需满足：以开放为核心，设置与网络化、平台化和社会化业务模式创新以及平台化社会化赋能服务相匹配的数据驱动（知识驱动）、平台赋能的在线协同管理方式；建立数据驱动（知识驱动）、平台赋能的在线协同工作方式，基于移动化、社交化、知识化的数字化平台和数据挖掘应用，赋能员工动态履行职能职责，开展自我管理、自主学习和价值实现。

五是企业在数字化组织文化方面需满足：倡导企业社会互利价值观，企业的管理决策和行为统筹兼顾员工、企业和社会的共同利益，实现各方价值共赢；建立基于"合伙人"假设的以开放为核心的数字化组织文化体系，通过平台企业建设满足员工创新创业的需求。

（5）业务创新转型评价域

企业应在主要业务全面在线运行的基础上，基于平台级能力赋能，开展对外赋能服务，与平台合作伙伴实现网络化协同、服务化延伸和个性化定制等业务模式创新。

一是业务数字化。业务数字化包括但不限于产品数字化、研发数字化、生产数字化、服务数字化和管理数字化。

产品数字化，包括但不限于：基于网络化产品或相关配套装置，实现企业内部以及企业与用户、合作伙伴等之间相关业务活动的网络化、社会化协同与动态优化；有条件的企业可构建网络化产品群，以用户为中心按需提供多维服务。

研发数字化，包括但不限于：开展网络化、平台化研发活动的数字化建模，实现社会化协同研发创新；基于平台实现数据驱动（知识驱动）的企业内外部研发资源、知识和能力等的在线共享、社会化协同和按需调用。

生产数字化，包括但不限于：开展网络化、平台化生产活动的数字化建模，实现社会化协同生产；基于平台实现数据驱动（知识驱动）的企业内外部生产资源、知识和能力等的在线共享、社会化协同和按需调用。

服务数字化，包括但不限于：开展网络化、平台化用户服务活动的数字化建模，实现社会化协同的用户服务；基于平台实现数据驱动（知识驱动）的企业内外部服务资源、知识和能力等的在线共享、社会化协同和按需调用。

管理数字化，包括但不限于：开展网络化、平台化经营管理活动的数字化建模，实现社会化协同的管理；基于平台实现数据驱动（知识驱动）的企业内外部管理资源、知识、能力等的在线共享、社会化协同和按需调用。

二是业务集成融合。纵向管控集成方面，包括但不限于：实现数据驱动（知识驱动）的经营管理与生产/作业现场之间的一体化运转、平台化协同与动态管控。

产品全生命周期集成方面，包括但不限于：实现数据驱动（知识驱动）的产品全生命周期各环节间的平台化运行、社会化协同与动态优化。

供应链或产业链集成方面，包括但不限于：实现数据驱动（知识驱动）的供应链或产业链各环节间的平台化运行、社会化协同与动态优化。

三是业务模式创新。网络化协同方面，包括但不限于：基于云平台实现企业内外部资源、知识、能力的平台化、社会化协同和按需动态配置；实现基于云平台的网络化协同研发、网络化协同生产、网络化协同服务、网络化协同产品群等平台化的业务模式创新；持续实现覆盖供应链、产业链的整体成本降低、整体效率提升和产品服务社会化协同创新等。

服务化延伸方面，包括但不限于：基于云平台实现产品全生命周期各环节资源、知识、能力的平台化、社会化协同和按需动态配置；实现基于云平台的研发、生产、服务、回收等平台化的产品全生命周期业务模式创新；持续实现产品全生命周期服务创新、延伸、衍生与增值等。

个性化定制方面，包括但不限于：基于云平台实现网络化产品群、产品全生命周期、产品全价值链相关资源、知识、能力的平台化、社会化协同和按需动态配置；实现基于云平台的大规模个性化定制等平台化的业务模式创新；持续提升用户个性化、多样化、动态化需求响应能力和水平等。

四是数字业务培养。有条件的企业，基于企业范围内及企业之间数据资源的管理和开发利用，开展数据资产化运营，形成平台级数字业务，开辟业务平台化价值创造新空间。

6. 生态级

（1）发展战略评价域

一是竞争合作优势。企业应基于生态资源的按需自适应匹配，构建和形成智能驱动的生态化运营、反脆弱等竞争合作优势；基于生态合作伙伴之间的业务认知协同，构建和形成生态级的原始创新、共生进化等竞争合作优势。

二是业务场景。企业应部署基于人工智能的生态资源按需自适应匹配和业务认知协同；智能化、泛在化、按需自适应供给的业务生态共建、共创和共享。

三是价值模式。企业应构建和形成基于生态级能力的价值生态开放共创模式，基于生态级能力赋能作用，提升生态合作伙伴间业务的智能化、集群化、生态化共建共创共享水平，获取生态圈数字业务壮大、绿色可持续发展等价值效益；基于生态级能力提高生态资源按需自适应配置水平，通过生态圈原始创新、共生进化定义新需求、创造新价值、实现新发展。

（2）新型能力评价域

企业应依据《数字化转型 参考架构》给出的新型能力主要视角，建成有效支持生态圈共生、共创和进化，由生态合作伙伴共建、共创、共享的生态级能力。生态级能力包括但不限于面向生态圈的研发创新、生产与运营、用户服务、生态合作、人才开发与能力赋能、数据开发等与价值创造的载体、过程、对象、合作伙伴、主体、驱动要素等有关的生态级能力以及与其相互整合和重构形成的生态级能力。生态级新型能力评价域要求见表2-4。

表2-4 生态级新型能力评价域要求

与价值创造的载体有关的能力	与价值创造的过程有关的能力	与价值创造的对象有关的能力	与价值创造的合作伙伴有关的能力	与价值创造的主体有关的能力	与价值创造的驱动要素有关的能力
可按需智能感知和认知分析生态共创和进化中的研发创新活动	可按需智能感知和认知分析生态共建共创共享中的生产与运营活动	可按需智能感知和认知分析生态共建共创共享中的用户服务活动	可按需智能感知和认知分析生态共建共创共享等活动	可按需智能感知和认知分析生态化的人才开发和能力赋能活动	可按需智能感知和认知分析生态共建共创共享等相关数据
可按需响应和智能执行生态共创和进化中的研发创新活动需求	可按需响应和智能执行生态共建共创共享中的生产与运营活动需求	可按需响应和智能执行生态共建共创共享中的用户服务活动需求	可按需响应和智能执行生态共建共创共享等活动需求	可按需响应和智能执行生态化的人才开发和能力赋能活动的需求	可构建人工智能模型支持实现生态合作的按需响应和智能执行
可实现生态化研发创新的群体性智能自主决策和预测预警	可实现生态化生产与运营的群体性智能自主决策和预测预警	可实现生态化用户服务的群体性智能自主决策和预测预警	可实现生态共建共创共享的群体性智能自主决策和预测预警	可实现生态化人才开发和能力赋能的群体性智能自主决策和预测预警	可构建基于群体性智能的生态级自主决策模型和预测预警模型
可实现生态化研发创新的自学习优化和进化	可实现生态化生产与运营的自学习优化和进化	可实现生态化用户服务的自学习优化和进化	可实现生态共建共创共享的群体性智能自学习优化和进化	可实现生态化人才开发和能力赋能的自学习优化和进化	可实现群体性认知模型的自学习优化和进化

一是与价值创造的载体有关的能力。企业应具备智能驱动的与价值创造的载体有关的能力,可按需智能感知和认知分析生态共创和进化中的研发创新活动;可按需响应和智能执行生态共创和进化中的研发创新活动需求;可实现生态化研发创新的群体性智能自主决策和预测预警;可实现生态化研发创新的自学习优化和进化。

二是与价值创造的过程有关的能力。企业应具备智能驱动的与价值创造的过程有关的能力,可按需智能感知和认知分析生态共建共创共享中的生产与运营活动;可按需响应和智能执行生态共建共创共享中的生产与运营活动需求;可实现生态化生产与运营的群体性智能自主决策和预测预警;可实现生态化生产与运营的自学习优化和进化。

三是与价值创造的对象有关的能力。企业应具备智能驱动的与价值创造的对象有关的能力,可按需智能感知和认知分析生态共建共创共享中的用户服务活动;可按需响应和智能执行生态共建共创共享中的用户服务活动需求;可实现生态化用户服务的群体性

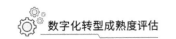

智能自主决策和预测预警；可实现生态化用户服务的自学习优化和进化。

四是与价值创造的合作伙伴有关的能力。企业应具备智能驱动的与价值创造的合作伙伴有关的能力，可按需智能感知和认知分析生态共建共创共享等活动；可按需响应和智能执行生态共建共创共享等活动需求；可实现生态共建共创共享的群体性智能自主决策和预测预警；可实现生态共建共创共享的群体性智能自学习优化和进化。

五是与价值创造的主体有关的能力。企业应具备智能驱动的与价值创造的主体有关的能力，可按需智能感知和认知分析生态化的人才开发和能力赋能活动；可按需响应和智能执行生态化的人才开发和能力赋能活动的需求；可实现生态化人才开发和能力赋能的群体性智能自主决策和预测预警；可实现生态化人才开发和能力赋能的自学习优化和进化。

六是与价值创造的驱动要素有关的能力。企业应具备智能驱动的与价值创造的驱动要素有关的能力，可按需智能感知和认知分析生态共建共创共享等相关数据；可构建人工智能模型支持实现生态合作的按需响应和智能执行；可构建基于群体性智能的生态级自主决策模型和预测预警模型；可实现群体性认知模型的自学习优化和进化。

（3）系统性解决方案评价域

企业应发挥覆盖生态圈的智能驱动作用，建立覆盖整个生态圈的涵盖数据、技术、流程和组织四要素的协调联动和互动创新的生态级系统性解决方案，打造生态级新型能力和培育壮大数字业务。

一是数据采集、集成共享与开发利用。企业应基于泛在连接实现企业内部数据、供应链或产业链数据、生态合作伙伴关键数据、第三方数据等生态数据的智能按需获取；建立覆盖生态圈的数据共建共享机制和标准体系，数据质量达到生态级开发利用要求；共建社会化数据共享平台，实现生态合作伙伴间相关多源异构数据的按需自主共享；围绕共建数据生态，实现生态化数据架构开发。

二是技术集成、融合和创新。企业应使设备设施高度智能化，实现与生态合作伙伴之间设备设施的认知协同、自适应优化、智能决策和按需共享；构建开放、智能的生态级软件架构，在生态圈范围内实现软件系统的按需共建共创共享、认知协同和自学习进化；企业内 OT 网络、IT 网络及企业外相关网络互联互通，实现生态合作伙伴之间物与物、物与人、人与人的自适应互操作；与生态合作伙伴共建组件化、可配置、开放灵活的智能云平台，支持 IT 软硬件的社会化开发和按需自主应用；企业成为能力共创生态的核心贡献者，与合作伙伴共同实现生态基础资源和能力的平台化部署、按需自主利用和自适应协作。

三是流程优化和管控。企业应围绕生态级能力建设需求，构建生态化业务流程信息物理系统，实现生态圈相关方之间业务流程按需自主构建、自适应优化和学习进化；制定和实施覆盖生态共建共创共享的智能流程文件，基于人工智能建立生态合作伙伴业务流程之间的认知协同关系；实现智能驱动的生态合作伙伴业务流程的在线智能跟踪、认知协同和自学习优化。

四是职能职责调整、人员优化配置。企业应基于认知分析，按需、自主、智能、自适应优化生态圈业务流程职责，并自适应匹配企业内部门（团队）和岗位等职责；根据生态级能力对应生态组织的职能职责匹配和岗位胜任要求，在生态圈范围内，共建共创共享可实现生态共生发展、自学习进化甚至原始创新等的数字人才。

（4）治理体系评价域

企业应建立以创造为核心的治理体系，确保生态圈范围内的业务共建共创共享、共生发展和自学习进化。

一是企业在数字化领导力方面需满足：以创造为核心的生态型企业建设意识培养和能力提升机制，确保实现生态圈范围内业务共建共创共享、共生发展和自学习进化等；生态化发展成为各生态合作伙伴的主要决策者及全员的主要职能职责，建立以构建生态型企业，实现生态圈范围内业务共建共创共享、共生发展和自学习进化等为主要职责的数字化共商机制；制定以原始创新、共生进化生态系统为目标的数字化转型战略规划，建立生态合作伙伴间的数字化转型战略规划认知协同机制；由生态合作伙伴主要决策者共商，其他相关方按需参与，建立生态圈范围内生态级战略执行活动全要素、全员和全过程的认知协同、自学习优化和进化机制。

二是企业在数字化治理方面需满足：建立智能驱动型的生态企业共建共创共享管理制度体系，形成自适应协调机制，实现生态圈范围内数据、技术、流程和组织四要素的认知协同和自学习进化；制定并实施生态圈数字人才队伍建设规划，与生态伙伴共建数字人才，形成人才按需自适应配置的机制；与生态合作伙伴协同设置价值生态共建相关专项预算，各方资金投入适宜、及时、协调、持续和有效；围绕生态圈范围内业务共生发展，建立涵盖数据智能、认知协同、自学习进化等的数据治理体系；开展安全可控数字化转型解决方案（包括软件、设备设施等）生态化部署和自适应应用推广，支持全产业生态合作企业实现安全可控；构建覆盖生态合作伙伴的生态级安全防护措施和制度体系，实现业务风险防控与信息安全防护的智能融合，能够基于业务安全进行智能自主态势感知、攻防对抗和认知决策。

三是企业在数字化组织体系、数字化协作体系方面需满足：建立与生态圈范围内业务共建共创共享、共生发展和自学习进化相匹配的智能驱动的生态型组织结构；共同确立覆盖合作伙伴的产业生态架构，并设置各相关主体共建共创共享产业生态的职能职责及协调沟通机制；与生态合作伙伴共同建立与生态圈范围内业务共建共创共享、共生发展和自学习进化相匹配，建立生态圈范围内人、机、物之间智能按需自主协同和学习进化的协作体系。

四是企业在数字化管理方式、数字化工作方式方面需满足：主要采用智能驱动的价值生态共生管理方式，能够实现生态合作伙伴之间的自组织智能管理；能够基于人机协同、智能认知的生态赋能平台，以共生和进化为导向开展创新创业，实现生态共建共创共享。

五是企业在数字化组织文化方面需满足：倡导生态伙伴命运共同体价值观；建立基于"生态人"的以创造为核心的企业文化体系，通过生态企业建设满足员工共生发展的需求。

（5）业务创新转型评价域

企业应在生态圈数据智能获取、开发和按需自适应利用的基础上，基于生态级能力赋能，与生态合作伙伴共同培育形成智能驱动型的数字业务新体系，共建共创共享价值生态。

一是业务数字化。业务数字化包括但不限于：产品数字化、研发数字化、生产数字化、服务数字化、管理数字化。

产品数字化，包括但不限于：基于智能化产品或相关配套装置，实现生态合作伙伴间相关业务活动的生态化协同和自学习优化；有条件的企业可构建智能产品群，实现产品之间认知协同、自适应组合和按需精准服务。

研发数字化，包括但不限于：基于产品全生命周期信息物理系统，实现智能驱动的研发设计活动的全面认知协同和自学习优化；基于研发信息物理系统实现智能驱动的生态合作伙伴间研发资源、知识、能力等的生态化共建、共创和共享。

生产数字化，包括但不限于：基于覆盖生产全要素、全过程、全场景的信息物理系统，实现智能驱动的生产作业活动的全面认知协同和自学习优化；基于生产信息物理系统实现智能驱动的生态合作伙伴间生产资源、知识、能力等的生态化共建共创共享。

服务数字化，包括但不限于：基于覆盖用户服务全过程、全生命周期的信息物理系统，实现智能驱动的用户服务活动的全面认知协同和自学习优化；基于服务信息物理系统实现智能驱动的生态合作伙伴之间服务资源、知识、能力等的生态化共建共创共享。

管理数字化，包括但不限于：基于覆盖生产、采购、销售、财务、人力资源、设备、项目、质量、能源、安全等全要素、全过程、全场景的管理信息物理系统，实现智能驱动的经营管理活动的全面认知协同和自学习优化；基于管理信息物理系统实现智能驱动的生态合作伙伴间管理资源、知识、能力等的生态化共建共创共享。

二是业务集成融合。纵向管控集成方面，包括但不限于：实现智能驱动的经营管理与生产／作业现场之间的自适应运行、认知协同与智能管控。

产品全生命周期集成方面，包括但不限于：实现智能驱动的产品全生命周期各环节间的自适应运行、认知协同与自学习优化。

供应链或产业链集成方面，包括但不限于：实现智能驱动的供应网络或产业网络各环节间的自适应运行、认知协同与自学习优化。

三是业务模式创新。网络化协同方面，包括但不限于：基于生态圈信息物理系统实现生态合作伙伴间资源、知识、能力的生态化共建共创共享；实现基于生态圈信息物理系统的业务共生发展。

服务化延伸方面，包括但不限于：基于生态圈信息物理系统实现产品全生命周期各环节资源、知识、能力的生态化共建共创共享；实现基于生态圈信息物理系统产品全生命周期的生态化创新发展。

个性化定制方面，包括但不限于：基于生态圈信息物理系统实现智能产品群、产品全生命周期、产品全价值链相关资源、知识、能力的生态化共建共创共享；实现基于生态圈信息物理系统的按需共创业务模式创新。

四是数字业务培育。包括但不限于：构建数据资源管理、数据资产化运营生态合作体系，形成数字信息、数字知识、数字能力共建共创共享新业态；基于数字信息、数字知识、数字能力的共建共创共享，形成以信息生产、信息服务为主的共生、共创发展新模式；持续实现生态化、绿色化、可持续发展价值创造和能力提升等。

（四）成熟度水平档次

数据要素是数字化转型的关键驱动要素，按照不同发展阶段的组织，在以数据为核心的要素资源获取、开发和利用过程中，所呈现出的由局部到整体、由内到外、由浅到深、由封闭到开放的趋势和特征，数字化转型规范级、场景级、领域级、平台级、生态级5个发展阶段可被相对应分解为10个水平档次。

数字化转型成熟度10个细化水平档次如图2-9所示。

1. 转型广度

根据相关业务活动信息（数字）技术应用及相关要素资源开发利用范围的不同广度，数字化转型可分为单点、单部门单环节、跨部门跨环节、主场景、全组织（企业）、平台用户群（跨企业）、生态圈7个类别。其中：

➤ 单点，即覆盖单一部门或单一业务环节的业务功能点；

➤ 单部门单环节，即覆盖单一部门（一级部门）或单一业务环节（二级流程及以上）的业务活动；

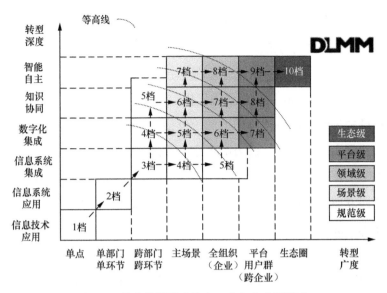

图2-9　数字化转型成熟度10个细化水平档次

➤ 跨部门跨环节，即覆盖跨部门（一级部门）且跨业务环节（二级流程及以上）的业务活动；

➤ 主场景，即覆盖某一主营业务板块内全部关键业务环节的业务活动；

➤ 全组织（企业），即覆盖组织（企业）所有主营业务板块全部关键业务环节的业务活动；

➤ 平台用户群（跨企业），即覆盖平台内部以及外部用户涉及的全部关键业务活动，且基于平台实现社会化资源与能力的共享和协同，以赋能外部用户为主所开展的业务活动；

➤ 生态圈，即覆盖生态系统中各合作伙伴的全部关键业务活动，且由各生态合作伙伴（组织、团队、个人）共建共创共享资源、知识、能力等，并可实现共生进化的业务活动。

2. 转型深度

根据相关业务活动信息（数字）技术应用及相关要素资源开发利用程度的不同深度，数字化转型可分为信息技术应用、信息系统应用、信息系统集成、数字化集成、知识协同、智能自主6个类别。其中：

➤ 信息技术应用，即初步应用通用或专用的信息技术手段或工具；

➤ 信息系统应用，即应用信息系统实现业务规范化运行与可管可控；

➤ 信息系统集成，即通过各类技术集成方式（接口、协议等）将异构系统的软硬件、信息和功能关联集成，基于信息模型，实现跨应用系统的数据共享交换、业务流程贯通、业务规范化运行与可管可控（业务表单化、表单流程化、流程信息化）；

➢ 数字化集成，即基于数字模型，在相应的范围内，共享相互关联的全面动态数据，实现基于数据的资源（人、财、物）全局动态优化配置和关键业务数字化集成响应；

➢ 知识协同，即基于知识模型（知识数字化呈现、仿真、联动），在相应的范围内，实现协同工作的主体与客体（例如人和机器）之间，以及主体与主体（例如组织内团队／员工、组织与外部合作伙伴、外部合作伙伴相互）之间知识共享、传递与利用，以及基于知识的关键业务动态响应、协调联动和优化；

➢ 智能自主，即基于智能模型，在相应的范围内，实现协同工作的主体与客体（例如人和机器）之间，以及主体与主体（例如组织内团队／员工、组织与外部合作伙伴、外部合作伙伴相互）之间业务活动的能力赋能、自组织自适应运行、智能自主协作与学习进化。

3. 规范级水平档次要求

规范级 1 档关键要求： 实现单点数据的信息技术辅助收集、录入和处理；初步应用信息技术手段或工具辅助开展业务活动。

规范级 2 档关键要求： 实现单部门或单环节关键数据的信息化收集、录入和处理；在单部门或单环节实现业务信息化规范管理与运行。

规范级 3 档关键要求： 实现跨部门且跨环节数据的信息化收集、录入和处理；构建跨部门且跨环节信息模型；实现跨部门且跨环节的业务信息化规范管理和集成。

规范级 4 档关键要求： 实现至少一个主场景关键数据的信息化收集、录入和处理，或实现跨部门且跨环节关键动态数据的自动采集；至少在一个主场景，构建全部关键业务信息模型，或构建跨部门且跨环节的局部数字模型，基于构建的主场景信息模型；至少在一个主场景实现关键业务信息化规范管理和集成，或基于构建的跨部门且跨环节的局部数字模型，实现跨部门且跨环节的数字化集成响应。

规范级 5 档关键要求： 实现组织（企业）所在领域全部主场景关键数据的信息化收集、录入和处理，或实现跨部门且跨环节主要动态数据的自动采集；构建全组织（企业）信息模型，或构建跨部门且跨环节的局部知识模型；基于全组织（企业）信息模型实现全组织（企业）范围内全部关键业务（甚至供应链／产业链部分业务）信息化规范管理和集成，或基于跨部门且跨环节的局部知识模型，实现跨部门且跨环节业务活动的动态响应、协调联动和优化（甚至初级智能自主）。

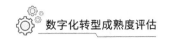

4. 场景级水平档次要求

场景级 5 档关键要求： 实现至少一个主场景范围内关键动态数据的自动采集；至少在一个主场景，构建覆盖全部关键业务的主场景数字模型；基于构建的主场景数字模型，至少在一个主营业务活动板块对应的主场景实现关键数据集成和业务集成，实现资源（人、财、物）全局动态优化配置和关键业务数字化集成响应。

场景级 6 档关键要求： 实现至少一个主场景范围内主要动态数据的自动采集；至少在一个主场景，构建覆盖全部关键业务的主场景知识模型；基于构建的主场景知识模型，实现对主场景全部关键业务人员的知识技能赋能（机器智能辅助），实现知识模型驱动的关键业务动态响应、协调联动和优化。

场景级 7 档关键要求： 实现至少一个主场景范围内主要动态数据的按需自主采集；至少在一个主场景，构建覆盖主场景全部关键业务的主场景智能模型；基于构建的主场景智能模型，实现主场景关键业务的智能自主运行和自学习优化。

5. 领域级水平档次要求

领域级 6 档关键要求： 实现组织（企业）所在领域各主营业务活动板块关键动态数据的自动采集；在全组织（企业）范围内，构建覆盖全部关键业务的全组织（企业）数字模型；基于构建的全组织（企业）数字模型，在全组织（企业）范围内基本实现数字化条件下的全部关键数据集成和业务集成，实现资源（人、财、物）全局动态优化配置和关键业务数字化集成响应。

领域级 7 档关键要求： 实现组织（企业）所在领域各主营业务活动板块主要动态数据的自动采集；在全组织（企业）范围内，构建覆盖全部关键业务的全组织（企业）知识模型；基于构建的全组织（企业）知识模型，在全组织（企业）范围内实现对全部关键业务人员的知识技能赋能（机器智能辅助），实现知识模型驱动的全组织（企业）关键业务的一体化敏捷响应和动态优化。

领域级 8 档关键要求： 实现组织所在领域各主营业务活动板块主要动态数据的按需自主采集；在全组织（企业）范围内，构建覆盖全部关键业务的全组织（企业）智能模型；基于构建的全组织（企业）智能模型，实现全组织（企业）关键业务的智能自主运行和自学习优化。

6. 平台级水平档次要求

平台级 7 档关键要求： 实现平台内部及外部用户关键动态数据自动采集；构建平台服务数字模型；平台汇聚丰富的用户、供给、需求等社会化关键数据和资源，形成以服务广大平台用户为主的平台化社会化数据信息服务模式，实现社会资源的大范围数字化集成和动态优化配置，以及平台服务的多样化、个性化集成响应。

平台级 8 档关键要求：实现平台内部及外部用户主要动态数据自动采集；构建平台服务知识模型；平台汇聚丰富的可服务外部用户的知识技能，形成以服务广大平台用户为主的平台化社会化知识技能赋能服务模式，实现知识技能大范围社会化按需供给，以及基于知识技能赋能的业务社会化动态协同。

平台级 9 档关键要求：实现平台内部及外部用户主要动态数据按需自主采集；构建平台服务智能模型；平台汇聚丰富的可服务外部用户的智能能力，形成以服务广大平台用户为主的平台化社会化能力智能自主服务模式，实现基于平台能力的业务自组织自适应运行、智能自主协作和自学习优化。

7. 生态级水平档次要求

生态级 10 档关键要求：实现生态合作伙伴主要动态数据按需自主采集；构建生态系统智能模型（生态圈信息物理系统）；基于智能按需采集的动态运行数据和可实现自主运行、协作的智能能力，实现生态圈合作伙伴共建共创共享数字能力和数字业务，实现共生和进化。

8. 数字化转型成熟度水平档次和星级的对应关系

数字化转型的成熟度星级可以作为评估和衡量企业数字化转型水平的指标，更高的星级代表企业在数字化转型方面的成熟度更高。数字化转型成熟度水平档次和成熟度星级的对应关系见表2-5。

表2-5 数字化转型成熟度水平档次和成熟度星级的对应关系

水平档次	星级
3 档	1 星
4 档	2 星
5 档	3 星
6 档	4 星
7 档	5 星

第三章 数字化转型成熟度贯标推进体系

一、数字化转型贯标工作背景

2023 年 5 月 5 日，二十届中央财经委员会第一次会议召开，会议强调"推进产业智能化、绿色化、融合化""坚持推动传统产业转型升级"，这为我们加快制造业数字化转型提供了新的遵循。组织实施数字化转型贯标工作，是贯彻落实国家重要决策部署、充分发挥标准引领作用、解决新时期产业转型升级核心需求的重要抓手，对加快制造业数字化转型升级具有重要现实意义。

1. 推动制造业数字化转型是贯彻落实党中央、国务院重要决策部署的关键之举

当前，全球正处在从工业经济向数字经济加速转型过渡的大变革时代。党的二十大报告提出"推进新型工业化""促进数字经济和实体经济深度融合"，这是党和国家站在新的历史方位上作出的重要决策部署。2023 年 8 月 16 日，国务院总理李强主持召开国务院第二次全体会议时指出，要加快用新技术新业态改造提升传统产业，大力推进战略性新兴产业集群发展，全面加快制造业数字化转型步伐。现阶段，深化新一代信息技术与制造业融合的关键任务就是引导企业提升数字技术应用能力，推动实现数字化转型。近几年，工业和信息化部推动出台《关于深化新一代信息技术与制造业融合发展的指导意见》等文件，提出开展制造业数字化转型行动，各地相继出台了配套政策，制定了详细任务，构建并形成了全国上下协同联动的工作格局，掀起了全面数字化转型的火热浪潮。

2. 抓好标准化工作是推动数字化转型高质量发展的重要方法

当前，新一代信息技术快速演进并与制造业全生命周期、全业务链交叉融合，制造业数字化转型升级步伐加快，标准成为数字化转型凝聚共识、沉淀经验和深化管理的有效手段。近年来，工业和信息化部依托全国信息化和工业化融合管理标准化技术委员会（TC573）等标准化组织，一方面围绕工业企业典型场景数字化的实际需求，推动首批数

字化转型、工业互联网平台关键标准发布，为企业推进数字化转型提供细化指导。另一方面推动我国主导的数字化转型、数字化供应链等国际标准正式发布，加快数字化转型"中国方案"的国际推广，提升国际话语权。随着大批量标准的发布实施，标准对于引导企业转型、带动产业升级的价值和作用持续彰显，已成为提升数字化转型发展水平的重要抓手。

3. 开展数字化转型贯标工作是解决当前产业转型升级需求的务实之举

推进数字化转型贯标既是落实国家相关战略部署的顺势之举，也是以标准引领破解企业数字化转型难题的关键之策，有利于社会各界统一转型思想、凝聚转型推进合力、把握转型升级规律，为系统推进数字化转型提供有力抓手。**对于各级政府而言**，可形成一套以贯标引领推进企业分级分类发展的工作抓手，基于贯标结果更有针对性地制定分级分类支持政策，提升精准施策水平；**对于行业组织而言**，贯标能够有效推动行业企业实现分级分类发展，基于贯标结果为行业管理和服务等相关工作提供决策依据，提升精准引导水平；**对于贯标企业而言**，贯标有助于引导企业全面认知和科学掌握数字化转型规律，提升全员数字化转型共识，通过精准定位自身数字化转型发展阶段，系统谋划数字化转型发展路线图，逐级提升数字化转型水平与能力；**对于服务机构而言**，贯标有助于帮助服务人员深化标准理解和提升贯标技能，推动数字化转型贯标服务方法论、技术工具和一体化解决方案自主创新，同时充分挖掘市场需求，开展供需精准对接，为企业提供高质量、低成本的数字化转型服务。

二、数字化转型贯标整体工作安排

数字化转型贯标工作是一项长期性、系统性工程，需要多方协同、循序渐进、久久为功。前期，工业和信息化部围绕总体部署、组织体系和标准依据等方面对数字化转型贯标工作进行了周密的安排，具体包括以下内容。

1. 数字化转型贯标试点工作总体部署

2023 年 6 月 17 日，《工业和信息化部办公厅关于组织开展数字化转型贯标试点工作的通知》发布，分别面向 10 个试点省（直辖市）和 10 个试点行业正式启动数字化转型贯标试点工作，推进贯标先行先试。本次试点工作主要**面向开展数字化转型的制造业企业和工业互联网平台建设运营企业两类主体**，组织数字化转型成熟度贯标和工业互联网平台贯标。通过贯标试点，培育数字化转型服务生态，助力形成"学标准、懂贯标、促转型"的良好氛围，为大范围推广数字化转型贯标探索路径、积累经验。

2. 数字化转型贯标工作组织体系

工业和信息化部信息技术发展司组织成立**数字化转型指导委员会**，负责在全国范围内指导推进数字化转型工作。同时，推动在社会团体组织成立**数字化转型贯标工作委员会和数字化转型贯标专家委员会**，为数字化转型贯标工作提供组织保障和专业支持。依据当前数字化转型的迫切需求，围绕数字化转型成熟度和工业互联网平台两个重点贯标方向，组建**数字化转型成熟度贯标推进工作组和工业互联网平台贯标推进工作组**，分别负责数字化转型成熟度贯标和工业互联网平台贯标工作。

具体来说，数字化转型指导委员会由工业和信息化部信息技术发展司主要负责人任主任委员，相关工业和信息化部属单位、标准化技术组织分管领导，工业和信息化部信息技术发展司两化融合推进处负责人担任副主任委员。**数字化转型贯标工作委员会**依托中国电子信息行业联合会组建，在数字化转型指导委员会的指导下，负责全国范围内数字化转型贯标工作的协调组织和管理。**数字化转型贯标专家委员会**由数字化转型贯标工作委员会组织建成，整合多领域、跨行业、高层次专家资源，对数字化转型贯标工作提供技术指导和业务咨询。**数字化转型成熟度贯标推进工作组和工业互联网平台贯标推进工作组**，分别由国家工业信息安全发展研究中心和中国电子技术标准化研究院担任组长单位。

3. 数字化转型贯标依据

数字化转型贯标工作开展的主要依据是数字化转型成熟度和工业互联网平台这两类标准。**数字化转型成熟度贯标**以《数字化转型 成熟度模型》为依据，从转型广度和转型深度两个视角，优化提升企业数字化水平，并按照 1 星到 5 星共 5 个星级对企业的数字化转型贯标成效进行评估。**工业互联网平台贯标**以《工业互联网平台 企业应用水平与绩效评价》和《工业互联网平台选型要求》为依据，从技术维度和业务维度的视角，推进企业工业互联网平台建设与应用水平提升，按照 1 星到 5 星共 5 个星级对工业互联网平台贯标成效进行评估。

三、数字化转型成熟度贯标推进机制

在工业和信息化部信息技术发展司和数字化转型指导委员会的指导下，数字化转型成熟度贯标推进工作委员会将依据相关标准，组织开展数字化转型成熟度标准宣贯、贯标实施与普及推广等工作。贯标过程中将涉及地方政府、行业协会、贯标企业、贯标咨询机构、贯标评估机构等各类主体。其中，数字化转型成熟度贯标推进工作组、地方政府、行业协会、贯标企业、贯标咨询机构和贯标评估机构的具体工作如下。

（一）数字化转型贯标工作委员会

数字化转型贯标工作委员会由中关村信息技术和实体经济融合发展联盟（秘书处）、北京信息化和工业化融合服务联盟、国家工业信息安全发展研究中心、中国电子技术标准化研究院、中国电子信息产业发展研究院、工业和信息化部电子第五研究所、中国工业互联网研究院、中国信息通信研究院、工业和信息化部中小企业发展促进中心、工业和信息化部威海电子信息技术综合研究中心、北京国信数字化转型技术研究院、中关村数字经济产业联盟、华北电力大学信息安全工程实验室等单位专家担任委员。

数字化转型贯标工作委员会下设数字化转型成熟度贯标推进工作组，由国家工业信息安全发展研究中心担任组长单位，由中国信息通信研究院、中国电子信息产业发展研究院、中国电子技术标准化研究院、工业和信息化部电子第五研究所、工业和信息化部中心企业发展促进中心、中国工业互联网研究院、中关村信息技术和实体经济融合发展联盟、中关村数字经济产业联盟等单位专家担任工作组成员。

在工业和信息化部信息技术发展司和数字化转型指导委员会的指导下，数字化转型贯标工作委员会及数字化转型成熟度贯标推进工作组推动完善贯标培训体系，建设贯标工作机制，加强贯标服务人员专业培育，推进贯标示范推广，为地方政府、行业协会、贯标企业、贯标咨询机构、贯标评估机构协同开展贯标工作提供专业服务，具体如下。

1.打造并完善贯标培训体系

一是研制贯标培训课程体系。面向地方工业和信息化主管部门、行业协会、贯标企业、贯标咨询机构和贯标评估机构等各类主体，重点设置政策宣贯、基本概念解析、标准内容解读、贯标流程介绍、评估准则讲解等课程，帮助"政、产、学、研、用"各界全面掌握数字化转型成熟度贯标推进方法和实施路径。

二是编制数字化转型成熟度贯标培训教材。围绕政策宣贯、标准解读、评估要点、贯标方法等内容，研究、编制并持续更新形成系统全面、深入浅出的数字化转型成熟度贯标系列培训课件。

三是打造专业讲师队伍。组织骨干专家深入数字化转型前线，一方面为广大学员传授标准知识和贯标要点，另一方面深入了解企业数字化转型的真实需求、学习优秀经验，担当好贯标工作的"辅导员"。

四是组织贯标基础培训与专题培训。帮助贯标工作各类主体理解标准核心要求、掌握贯标实施路径，同时针对不同地区、行业转型需求设置个性化课程、组织专题培训，帮助试点地区、试点行业打造一支专业化、高素质的贯标队伍。

2. 建设贯标工作机制

一是设计贯标长效工作机制。明确贯标推进工作组、贯标咨询机构、贯标评估机构等各类主体的工作职责和协同机制。

二是制定贯标工作管理规范。明确数字化转型成熟度贯标工作的总体流程、工作程序和监督管理要求。

三是研制贯标技术规程文件。指导贯标咨询机构和贯标评估机构规范化开展数字化转型成熟度贯标咨询服务和星级评估工作。

四是制定星级评估程序与流程。建立评估准则、规范评估过程，提升数字化转型成熟度星级评估工作的质量与效率。

3. 加强贯标服务人员专业培育

加强贯标咨询人员和评估人员的管理与监督，根据数字化转型发展趋势及贯标工作需求，定期开展贯标服务人员专业培养提升活动和技能实训，建立贯标服务人员长效学习机制，通过知识考核、技能测评、服务评价等多种方式，分类组织开展贯标咨询人员和评估人员考核，持续提升贯标服务人员专业能力和数字化技能素养。

4. 推进贯标示范推广

通过组织经验交流会、发布典型案例集等方式，总结推广贯标优秀成果，培育可复制、可推广的数字化转型成熟度贯标示范标杆和样板工程，定期邀请重点省市、典型行业、骨干企业和贯标服务机构交流贯标推进经验和实践方法，探索贯标市场化采信机制，加速数字化转型成熟度贯标成果的广泛认可和全面普及。

（二）地方政府

地方政府在数字化转型成熟度贯标中扮演着规划、推动和支持的角色，要充分发挥宏观把控的作用，完善政策支持，加大支持力度，强化宣传推广，全面做好数字化转型成熟度贯标的支持引导工作。

1. 完善政策支持

根据地方实际情况，制定和完善数字化转型成熟度贯标工作的配套政策，动员一批数字化基础好、地方代表性强的企业，以及一批专业实力强、贯标经验丰富的服务机构参与数字化转型成熟度贯标。

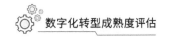

2. 加大支持力度

加大数字化转型成熟度贯标相关资金支持，推动贯标结果在政策支持、试点遴选与重点项目评选等方面采信应用，形成企业主动贯标、社会广泛采信的良性循环。

3. 强化宣传推广

组织开展数字化转型成熟度专题贯标培训，普及数字化转型成熟度标准和贯标方法。结合地方深度行、高峰论坛、大会大赛等平台，推广数字化转型成熟度贯标的优秀成果和最佳实践。

（三）行业协会

行业协会在数字化转型成熟度贯标中扮演着指导、推广、培训的角色，通过开展行业宣贯、推进成果应用、探索行业采信等方面的工作，为行业企业数字化转型成熟度贯标提供支持和帮助。

1. 开展行业宣贯和推广

基于统一的数字化转型贯标课程体系，根据行业需求组织开展行业个性化的贯标培训宣贯活动，普及推广数字化转型贯标可行方法和成功案例。

2. 加强行业贯标成果应用

在评奖评优、项目推荐、成果认定等工作中，采信应用数字化转型成熟度贯标成果，提升行业企业数字化转型成熟度贯标的积极性和内驱力。

3. 促进贯标成果行业互认

通过行业对接会、宣贯交流会等形式，推动数字化转型成熟度贯标成果在行业上下游企业的协同采信和广泛应用，推动整个行业的数字化转型成熟度贯标。

（四）贯标企业

企业是数字化转型的主体，要真正学懂弄通数字化转型成熟度标准，掌握将标准核心要求系统导入企业生产经营活动中的方法路径，通过贯标深化数字技术集成应用、改善经营管理模式、推动数字化转型水平逐级提升，确保贯标为企业带来实实在在的效益，避免贯标浮于表面、流于形式。

1. 开展企业级贯标培训

面向企业有关部门和人员，组织开展企业数字化转型成熟度贯标培训，帮助企业人员掌握数字化转型成熟度贯标内容和星级评估要点，有效开展贯标工作。

2. 明确贯标目标星级

对照标准开展全面的数字化转型现状分析，梳理企业转型现状、差距和需求，明确贯标目标星级。

3. 对标优化提升

依据贯标目标星级的要求，确定贯标改进方向和提升要点，组织各部门协同开展数字化转型优化提升。

4. 申请成熟度星级评估

明确申请评估的成熟度星级，按要求准备数字化转型成熟度星级评估申请材料。

（五）贯标咨询机构

贯标咨询机构是企业数字化转型成熟度贯标的"教练员"，需要充分掌握数字化转型成熟度标准的核心内容和关键要求，依据标准沉淀、整合、创新形成自身的数字化转型贯标服务方法、咨询能力和系统解决方案，为贯标企业提供数字化转型成熟度全流程贯标咨询服务。

1. 提供成熟度贯标咨询服务

深刻理解数字化转型标准的主要内容，掌握贯标咨询方法、实施流程和应用要求，为贯标企业提供从评估诊断到优化提升的全流程数字化转型成熟度贯标咨询服务。

2. 创新贯标方法和配套工具

总结提炼贯标咨询经验，面向不同行业、不同规模企业的贯标实际需求，迭代创新并持续完善数字化转型成熟度贯标的咨询方法论和配套方法工具，不断提升自身贯标服务水平和咨询能力。

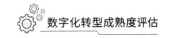

3. 开发数字化转型解决方案

有能力的服务机构可根据自身专业优势和服务经验，基于贯标标准，研制开发可操作、可实施的数字化转型技术工具和系统性解决方案，为企业持续提升数字化转型水平与能力提供专业支持。

（六）贯标评估机构

贯标评估机构是企业数字化转型成熟度贯标的"裁判员"，需要在深刻理解数字化转型成熟度标准的核心内容和关键要求的基础上，充分掌握星级评估的流程、要求和方法，不断提升评估人员的职业素养和专业能力，为企业提供规范、专业的数字化转型成熟度星级评估服务。

1. 提供数字化转型成熟度星级评估服务

深刻理解数字化转型标准内容，掌握数字化转型成熟度星级评估流程、要求和方法，为企业提供规范、专业的星级评估服务。

2. 提出数字化转型改进建议

对企业贯标成效进行综合评估，结合企业数字化转型评估星级和成熟度现状，为企业数字化转型提供合理可行的改进建议和提升举措。

3. 持续提升评估技能素养

梳理总结星级评估服务经验，加强评估人员内部培训，提升评估人员技能素养，持续提升星级评估服务能力。

第四章　数字化转型成熟度贯标星级评估框架及要点

一、数字化转型成熟度贯标星级评估框架

（一）数字化转型成熟度评价域

按照数字化转型往哪儿走、做什么、怎么做、结果如何，可以将数字化转型划分为发展战略、新型能力、系统性解决方案、治理体系与业务创新转型这5个评价域，如图4-1所示。

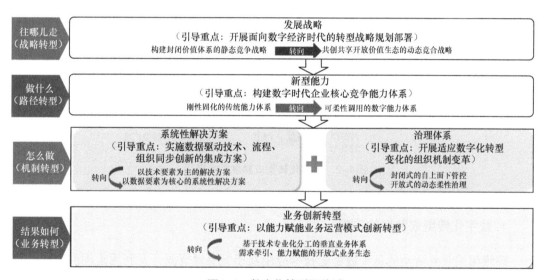

图4-1　数字化转型评价域

围绕**数字化转型往哪儿走**，开展发展战略方面的评估工作，聚焦开展面向数字经济时代的转型战略规划部署，从构建封闭价值体系的静态竞争战略转向共创共享开放价值生态的动态竞合战略。

围绕**数字化转型做什么**，开展新型能力方面的评估工作，聚焦构建数字时代企业核心竞争能力体系，从刚性固化的传统能力体系转向可柔性调用的数字能力体系。

围绕**数字化转型怎么做**，开展系统性解决方案与治理体系方面的评估工作。在系统性解决方案方面，聚焦实施数据驱动技术、流程、组织同步创新的集成方案，从以技术要素为主的解决方案转向以数据要素为核心的系统性解决方案；在治理体系方面，聚焦开展适应数字化转型变化的组织机制变革，从封闭式的自上而下管控转向以开放式的动态柔性治理。

围绕**数字化转型结果如何**，开展业务创新转型方面的评估工作，聚焦以能力赋能业务运营模式创新转型，从基于技术专业化分工的垂直业务体系转向需求牵引、能力赋能的开放式业务生态。

（二）数字化转型成熟度贯标星级划分依据

围绕数字化转型不同的广度与深度，可将数字化转型成熟度贯标评估星级划分为5个星级。数字化转型成熟度贯标星级如图4-2所示。

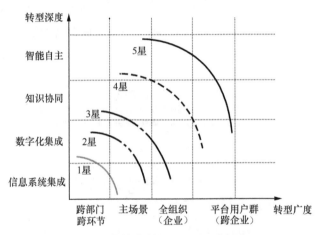

图4-2　数字化转型成熟度贯标星级

1. 数字化转型成熟度的广度

按照相关业务活动信息（数字）技术应用及相关要素资源开发利用范围的不同，数字化转型成熟度的广度由低到高可划分为跨部门（跨环节）、主场景、全企业、跨企业（平台用户群）4个级别，各级别特征如下。

➢ 跨部门（跨环节）：覆盖跨部门（一级部门）且跨业务环节（二级流程及以上）的业务活动。

➢ 主场景：覆盖某一主营业务活动板块内全部关键业务环节的业务活动。

➢ 全企业：覆盖组织所有主营业务活动板块内全部关键业务环节的业务活动。

➢ 跨企业（平台用户群）：覆盖平台内部及外部用户涉及的全部关键业务活动，且基于平台实现社会化资源与能力的共享和协同，以赋能外部用户为主所开展的业务活动。

2.数字化转型成熟度的深度

按照相关业务活动，新一代信息（数字）技术应用及相关要素资源开发利用程度的不同，数字化转型成熟度的深度由低到高可划分为信息系统集成、数字化集成、知识协同、智能自主这4个级别，各级别特征如下。

➢ 信息系统集成：通过各类技术集成方式（接口、协议等）将异构系统的软硬件、信息和功能关联集成，基于信息模型，实现跨应用系统的数据共享交换、业务流程贯通、业务规范化运行与可管可控（业务表单化、表单流程化、流程信息化）。

➢ 数字化集成：基于数字模型，在相应范围内，共享相互关联的全面动态数据，实现基于数据的资源（人、财、物）全局动态优化配置和关键业务数字化集成响应。

➢ 知识协同：基于知识模型（知识数字化呈现、仿真、联动），在相应范围内，实现协同工作的主体与客体之间（例如人和机器），主体与主体之间（例如组织内团队／员工之间、组织与外部合作伙伴之间、外部合作伙伴相互之间）知识共享、传递与利用，以及基于知识的关键业务动态响应、协调联动和优化。

➢ 智能自主：基于智能模型，在相应范围内，实现协同工作的主体与客体之间（例如人和机器），以及主体与主体之间（例如组织内团队／员工之间、组织与外部合作伙伴之间、外部合作伙伴相互之间）业务活动的能力赋能、自组织自适应运行、智能自主协作与学习进化。

（三）数字化转型成熟度贯标星级介绍

有的企业在转型深度上扎根深，有的企业在转型广度上做得好，根据企业业务活动特点，数字化转型成熟度的水平档次是依据综合转型深度和转型广度两个方面情况划分的，共分解为10个水平档次。结合我国制造业数字化转型发展现状，考虑到1档、2档的准入门槛过低，能达到8档及以上的企业凤毛麟角，本次贯标工作的结果评估主要选取3档、4档、5档、6档、7档作为判定标准，对贯标后企业的数字化转型成熟度进行结果判定，相应的判定结果分别设置为1星到5星这5个星级。

按照各数字化转型成熟度贯标星级对于转型广度、转型深度的不同需求与特征，可将5个星级进一步分为11个类型，数字化转型成熟度贯标星级类型如图4-3所示。

1.数字化转型成熟度1星级

包含广度达到跨部门跨环节＋深度达到信息系统集成的一种类型，其关键特征如下。

① 实现跨部门且跨环节数据的信息化收集、录入和处理。

② 构建跨部门且跨环节信息模型。

③ 实现跨部门且跨环节的业务信息化规范管理和集成。

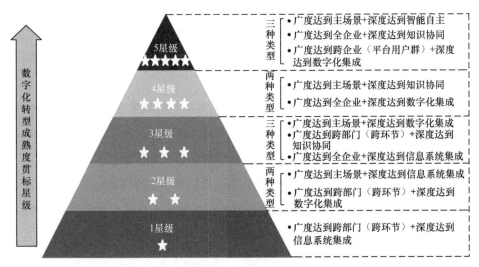

图4-3 数字化转型成熟度贯标星级类型

2. 数字化转型成熟度 2 星级

包含广度达到主场景 + 深度达到信息系统集成、广度达到跨部门（跨环节)+ 深度达到数字化集成两种类型，各类型关键特征如下。

（1）类型 1：主场景—信息系统集成

① 实现至少一个主营业务活动板块（主场景）关键数据的信息化收集、录入和处理。

② 至少在一个主营业务活动板块（主场景），构建全部关键业务信息模型。

③ 基于构建的主场景信息模型，至少在一个主营业务活动板块（主场景）实现关键业务信息化规范管理和集成。

（2）类型 2：跨部门（跨环节）—数字化集成

① 实现跨部门且跨环节关键动态数据的自动采集。

② 构建跨部门且跨环节的局部数字模型。

③ 基于构建的跨部门且跨环节的局部数字模型，实现跨部门且跨环节的数字化集成响应。

3. 数字化转型成熟度 3 星级

包含广度达到主场景 + 深度达到数字化集成、广度达到跨部门（跨环节)+ 深度达到知识协同，以及广度达到全企业 + 深度达到信息系统集成三种类型，各类型关键特征如下。

（1）类型 1：主场景—数字化集成

① 实现至少一个主营业务活动板块（主场景）范围内关键动态数据的自动采集。

② 至少在一个主营业务活动板块（主场景），构建覆盖全部关键业务的主场景数字模型。

③ 基于构建的主场景数字模型，至少在一个主营业务板块对应的主场景实现关键数据集成和业务集成，实现资源（人、财、物）全局动态优化配置和关键业务数字化集成响应。

（2）类型2：跨部门（跨环节）—知识协同

① 实现跨部门且跨环节主要动态数据的自动采集。

② 构建跨部门且跨环节的局部知识模型。

③ 基于跨部门且跨环节的局部知识模型，实现跨部门且跨环节业务活动的动态响应、协调联动和优化（甚至初级智能自主）。

（3）类型3：全企业—信息系统集成

① 实现组织所在领域全部主场景关键数据的信息化收集、录入和处理。

② 构建全组织（企业）信息模型。

③ 基于全组织（企业）信息模型实现全组织（企业）范围内全部关键业务（甚至供应链/产业链部分业务）信息化规范管理和集成。

4. 数字化转型成熟度 4 星级

包含广度达到主场景＋深度达到知识协同、广度达到全企业＋深度达到数字化集成两种类型，各类型关键特征如下。

（1）类型1：主场景—知识协同

① 实现至少一个主营业务活动板块（主场景）范围内主要动态数据的自动采集。

② 至少在一个主营业务活动板块（主场景），构建覆盖全部关键业务的主场景知识模型。

③ 基于构建的主场景知识模型，实现对主场景全部关键业务人员的知识技能赋能（机器智能辅助），实现知识模型驱动的关键业务动态响应、协调联动和优化。

（2）类型2：全企业—数字化集成

① 实现组织（企业）所在领域各主营业务板块关键动态数据的自动采集。

② 在全组织（企业）范围内，构建覆盖全部关键业务的全组织（企业）数字模型。

③ 基于构建的全组织（企业）数字模型，在全组织（企业）范围内基本实现数字化条件下的全部关键数据集成和业务集成，实现资源（人、财、物）全局动态优化配置和关键业务数字化集成响应。

5. 数字化转型成熟度 5 星级

包含广度达到主场景＋深度达到智能自主、广度达到全企业＋深度达到知识协同，以及广度达到跨企业（平台用户群）+ 深度达到数字化集成 3 种类型。

（1）类型 1：主场景—智能自主

① 实现至少一个主营业务活动板块（主场景）范围内主要动态数据的按需自主采集。

② 至少在一个主营业务活动板块（主场景），构建覆盖主场景全部关键业务的主场景智能模型。

③ 基于构建的主场景智能模型，实现主场景关键业务的智能自主运行和自学习优化。

（2）类型 2：全企业—知识协同

① 实现组织（企业）所在领域各主营业务板块主要动态数据的自动采集。

② 在全组织（企业）范围内，构建覆盖全部关键业务的全组织（企业）知识模型。

③ 基于构建的全组织（企业）知识模型，在全组织（企业）范围内实现及对全部关键业务人员的知识技能赋能（机器智能辅助），实现知识模型驱动的全组织（企业）关键业务的一体化敏捷响应和动态优化。

（3）类型 3：跨企业（平台用户群）—数字化集成

① 实现平台内及外部用户关键动态数据自动采集。

② 构建平台服务数字模型。

③ 平台汇聚丰富的用户、供给、需求等社会化关键数据和资源，形成以服务广大平台用户为主的平台化、社会化数据信息服务模式，实现社会资源的大范围数字化集成和动态优化配置，以及平台服务的多样化、个性化集成响应。

二、数字化转型成熟度贯标星级评估要点

（一）数字化转型成熟度评估项的基本构成

数字化转型成熟度评估项包含评价域、评估细则、评估方法、评估项性质、符合情况、现场检查记录，以及存在问题及改进建议等。其中，评价域指该评估项所属发展战略、新型能力、系统性解决方案、治理体系和业务创新转型的评价域；评估细则表示相应星级在该评价域上的具体要求；评估方法是指现场评估可采用的具体评估方法，如文档查看、系统演示、人员访谈等；评估项性质包含"关键项"与"一般项"两类，对于属于"关键项"的评估项，如果经现场评估发现有任何一项出现不符合的情况，则判定企业数字化转型成熟度不符合相应星级要求，中止现场评估；符合情况表示企业实际情况与星级要求的符合度，可选择"符合"或"不符合"；现场检查记录用于记录现场评估的具体发现；存在问题及改进建议主要填写企业待优化的问题及针对问题的其改进建议。

（二）数字化转型成熟度评估项细则

根据数字化转型成熟度贯标 5 个星级与 11 个类型，给出各类型下详细的评估要点，并设计 11 套评估细则，对企业开展数字化转型成熟度星级评估。各类型数字化转型成熟度评估细则主要内容如下。

1.数字化转型成熟度 1 星级（跨部门跨环节—信息系统集成）

数字化转型成熟度 1 星级（跨部门跨环节—信息系统集成）的评估项见表 4-1，共有 41 项评估细则，其中，关键项 4 项，一般项 37 项。

表4-1　数字化转型成熟度1星级（跨部门跨环节—信息系统集成）的评估项

评价域	评估细则	评估项性质
发展战略	1. 相关规划涉及实现跨部门且跨环节的业务信息化规范管理和集成的相关部署	一般项
	2. 通过应用信息技术，构建和形成基于传统业务的成本、效率、质量等一个或多个方面竞争优势的相关部署	一般项
	3. 应用信息技术实现跨部门且跨环节业务流程贯通和信息化集成的信息化业务场景策划与部署	一般项
新型能力	4. 产品创新和研发设计能力：能够基于跨部门且跨环节的信息模型信息化收集、分析和集中管理、研发、设计跨部门且跨环节的相关数据，并能够实现相关研发设计活动的信息化、规范化关联响应、执行和集成管理，关联辅助决策分析和迭代优化	一般项
	5. 生产与运营管控能力：能够基于跨部门且跨环节的信息模型信息化收集、分析和集中管理生产或经营管理跨部门且跨环节的相关数据，并能够实现相关生产与运营管控活动的信息化、规范化关联响应、执行和集成管理，关联辅助决策分析和迭代优化	一般项
	6. 用户服务能力：能够基于跨部门且跨环节的信息模型信息化收集、分析和集中管理跨部门且跨环节用户服务的相关数据，并能够基于跨部门且跨环节的信息模型，实现相关用户服务活动的信息化、规范化关联响应、执行和集成管理，关联辅助决策分析和迭代优化	一般项
	7. 供应链或产业链合作能力：能够基于跨部门且跨环节的信息模型信息化收集、分析和集中管理跨部门且跨环节供应链或产业链合作的相关数据，并能够基于跨部门且跨环节的信息模型，实现相关供应链或产业链合作活动的信息化、规范化关联响应、执行和集成管理，关联辅助决策分析和迭代优化	一般项
系统性解决方案	8. 数字化研发工具普及率不低于 10%	一般项
	9. 关键工序数控化率不低于 10%	一般项
	10. 实现与跨部门且跨环节业务信息化规范管理，以及业务集成相关数据的信息化收集录入	关键项

评价域	评估细则	评估项性质
系统性 解决方案	11. 构建跨部门且跨环节的信息模型，能够实现业务表单化、表单流程化、流程信息化	一般项
	12. 实现与跨部门且跨环节业务信息化规范管理，以及业务集成相关数据的集中管理与交换共享	一般项
	13. 开展与业务信息化规范管理，以及业务集成相关的数据标准化建设	一般项
	14. 跨部门且跨环节业务信息化规范管理，以及业务集成相关设备设施具备自动控制等相关功能	一般项
	15. 实现跨部门且跨环节关联设备设施之间，以及其与相关业务信息系统之间的信息交互	一般项
	16. 配置了必要的 IT 基础设施，实现 IT 基础设施的规范化管理和集成	一般项
	17. 至少在两个单部门或单环节部署实施并运行了相应的信息系统	一般项
	18. 实现跨部门且跨环节信息系统之间功能和信息的关联集成	关键项
	19. 建设应用覆盖多部门、多环节的网络，实现跨部门且跨环节的网络互联，以及相关网络资源的集成管理	一般项
	20. 在跨部门且跨环节［覆盖二级及以上流程（跨岗位流程）的业务环节］开展了业务流程的优化设计，建立了流程运行相关的制度与规范	一般项
	21. 制定实施服务于跨部门且跨环节业务信息化规范管理和集成的业务流程文件	一般项
	22. 实现跨部门且跨环节的业务流程信息化规范管理和运行控制	一般项
	23. 完成与跨部门且跨环节的业务信息化规范管理，以及与业务集成相关的流程职责、部门职责、岗位职责调整	一般项
	24. 在与跨部门且跨环节的业务信息化规范管理，以及业务集成相关的岗位，配备具备相应信息化专业能力和从业经验的人员	一般项
治理体系	25. 建立以控制为核心的（新一代）信息系统应用意识培养和能力提升机制，确保实现跨部门且跨环节业务信息化规范管理和集成	一般项
	26. 将信息（数字）技术应用纳入战略规划，建立以应用信息（数字）技术实现跨部门且跨环节业务信息化规范管理和集成为主要职责的信息化领导机制	一般项
	27. 由信息部门牵头、相关业务等部门配合，建立信息化战略 / 规划执行活动的信息化规范管理机制	一般项
	28. 建立并有序执行与信息（数字）技术应用相关的制度体系，保障跨部门且跨环节的业务信息化规范管理和集成	一般项
	29. 设立信息化资金预算，能够满足跨部门且跨环节业务信息化规范管理和集成的要求	一般项
	30. 将数据作为管理对象，开展必要的数据治理工作，确保业务信息化规范管理和运行对数据的要求	一般项

续表

评价域	评估细则	评估项性质
治理体系	31. 设立专职信息化岗位，开展信息化人才的招聘、培养和考核	一般项
	32. 围绕提升跨部门且跨环节业务信息化规范管理和集成的安全可控水平，建立核心信息技术、信息系统等规范级安全可控机制	一般项
	33. 建立与跨部门且跨环节业务信息化规范管理和集成相匹配的职能驱动的科层制组织结构	一般项
	34. 设置与跨部门且跨环节业务信息化规范管理和集成相匹配的信息化职能职责（包括但不限于信息化主管部门，以及业务等相关部门、岗位/角色的职能职责）	一般项
	35. 与跨部门且跨环节业务信息化规范管理和集成相匹配，建立人与人之间标准化、信息化的协作体系	一般项
	36. 以控制为核心，设置与跨部门且跨环节业务信息化规范管理和集成相匹配的职能驱动的标准化管理方式	一般项
	37. 建立与跨部门且跨环节业务信息化规范管理和集成相匹配的职能驱动的标准化工作方式	一般项
	38. 建立基于"经济人"假设的、以控制为核心的组织文化体系，通过信息（数字）技术的广泛深入应用满足员工的需求	一般项
业务创新转型	39. 至少在两个单部门或单环节，基于信息系统实现业务活动的规范化管理	一般项
	40. 基于跨部门且跨环节的信息系统集成，实现跨部门且跨环节活动的流程集成	关键项
	41. 基于跨部门且跨环节的信息模型，对跨部门且跨环节流程涉及的相关数据进行收集、录入，支持跨部门且跨环节业务分析	关键项

2. 数字化转型成熟度2星级（主场景—信息系统集成）

数字化转型成熟度2星级（主场景—信息系统集成）的评估项见表4-2，共有67项评估细则，其中，关键项12项，一般项55项。

表4-2　数字化转型成熟度2星级（主场景—信息系统集成）评估项

评价域	评估细则	评估项性质
发展战略	1. 制定了信息化专项规划，聚焦基于主场景信息模型的主场景范围内的流程贯通和数据集成，围绕关键业务活动板块实现完整的（关键业务环节全覆盖且集成）信息系统集成建设要求，支持各业务活动板块实现提质、降本、增效的业务目标	一般项
	2. 有通过信息（数字）技术应用，构建和形成基于传统业务的成本、效率、质量等一个或多个方面竞争优势的相关部署	一般项

评价域	评估细则	评估项性质
发展战略	3. 有至少在一个主场景应用信息（数字）技术实现主业务流程贯通和信息化集成的信息化业务场景策划与部署	一般项
新型能力	4. 产品创新和研发设计能力：至少在研发主场景能够基于信息模型实现所有研发设计相关数据的信息化收集、关联分析和集中管理，以及实现所有研发设计活动的信息化关联响应、执行和集成管理、信息化关联辅助决策和信息化、规范化关联迭代与优化	一般项
	5. 生产与运营管控能力：至少在生产或经营管理主场景，能够基于信息模型实现所有生产与运营管控相关数据的信息化收集、关联分析和集中管理，以及实现所有生产与运营管控活动的信息化关联响应、执行和集成管理、信息化关联辅助决策和信息化、规范化关联迭代与优化	一般项
	6. 用户服务能力：至少在服务主场景，能够基于信息模型实现所有用户服务相关数据的信息化收集、关联分析和集中管理，以及实现所有用户服务活动的信息化关联响应、执行和集成管理、信息化关联辅助决策和信息化、规范化关联迭代与优化	一般项
	7. 供应链或产业链合作能力：至少在生产、服务或经营管理等一个主场景，能够基于信息模型实现所有供应链合作相关数据的信息化收集、关联分析和集中管理，以及所有供应链合作活动的信息化关联响应、执行和集成管理、信息化关联辅助决策和信息化、规范化关联迭代与优化	一般项
系统性解决方案	8. 数字化研发工具普及率不低于20%	一般项
	9. 关键工序数控化率不低于20%	一般项
	10. 在研发主场景，实现与所有研发业务信息化规范管理，以及研发业务集成相关数据的信息化收集	研发主场景关键项
	11. 在生产主场景，实现与所有生产业务信息化规范管理，以及生产业务集成相关数据的信息化收集	生产主场景关键项
	12. 在服务主场景，实现与所有服务业务信息化规范管理，以及服务业务集成相关数据的信息化收集	服务主场景关键项
	13. 在经营管理主场景，实现与所有经营管理业务信息化规范管理，以及经营管理业务集成相关数据的信息化收集	经营管理主场景关键项
	14. 至少在一个主场景，实现与所有业务信息化规范管理，以及业务集成相关数据的集中管理与交换共享	一般项
	15. 开展与业务信息化规范管理，以及业务集成相关的数据标准化建设	一般项
	16. 在研发主场景，构建覆盖研发全部关键业务信息模型，实现关键研发业务的业务表单化、表单流程化、流程信息化	研发主场景关键项
	17. 在生产主场景，构建覆盖生产全部关键业务信息模型，实现关键生产业务的业务表单化、表单流程化、流程信息化	生产主场景关键项

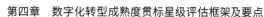

评价域	评估细则	评估项性质
系统性解决方案	18. 在服务主场景，构建覆盖服务全部关键业务信息模型，实现关键服务业务的业务表单化、表单流程化、流程信息化	服务主场景关键项
	19. 在经营管理主场景，构建覆盖经营管理全部关键业务信息模型，实现关键经营管理业务的业务表单化、表单流程化、流程信息化	经营管理主场景关键项
	20. 至少在一个主场景，所有关键设备设施具备自动控制等相关功能，且实现关联设备设施之间和其与相关业务信息系统之间的信息交互	一般项
	21. 配置了必要的 IT 基础设施，实现 IT 基础设施的规范化管理和集成	一般项
	22. 在研发主场景，部署和应用了所有研发业务信息化规范管理、集成，以及优化相关的软件系统	一般项
	23. 在生产主场景，部署和应用了所有生产业务信息化规范管理、集成，以及优化相关的软件系统	一般项
	24. 在服务主场景，部署和应用了所有服务业务信息化规范管理、集成，以及优化相关的软件系统	一般项
	25. 在经营管理主场景，部署和应用了所有经营管理业务信息化规范管理、集成，以及优化相关的软件系统	一般项
	26. 至少在一个主场景，建设应用覆盖该主场景的场景级网络，实现该场景级网络及相关网络资源的集成管理	一般项
	27. 至少在一个主场景，完成与该场景所有业务信息化规范管理、集成，以及优化相关的业务流程优化设计，制定实施服务于业务信息化规范管理与集成的业务流程文件	一般项
	28. 至少在一个主场景，实现所有业务流程的信息化规范管理和集成管控	一般项
	29. 至少在一个主场景，完成与所有业务信息化规范管理、集成，以及优化相关的流程职责、部门职责、岗位职责调整，配备具备相应信息化专业能力和从业经验的人员	一般项
治理体系	30. 建立以控制为核心的（新一代）信息系统应用意识培养和能力提升机制，确保实现业务信息化规范管理和集成	一般项
	31. 将信息（数字）技术应用纳入战略规划，建立以应用信息（数字）技术实现业务信息化规范管理和集成为主要职责的信息化领导机制	一般项
	32. 由信息部门牵头、相关业务等部门配合，建立信息化战略 / 规划执行活动的信息化规范管理机制	一般项
	33. 建立并有序执行与信息（数字）技术应用相关的制度体系，保障业务信息化规范管理和集成	一般项
	34. 设立信息化资金预算，能够满足业务信息化规范管理与业务集成的要求	一般项

评价域		评估细则	评估项性质
治理体系		35. 将数据作为管理对象，开展必要的数据治理工作，确保满足业务信息化规范管理与运行对数据的要求	一般项
		36. 设立专职信息化岗位，开展信息化人才的招聘、培养和考核	一般项
		37. 围绕提升业务信息化规范管理和集成的安全可控水平，建立核心信息技术、信息系统等的规范级安全可控机制	一般项
		38. 建立与业务信息化规范管理和集成相匹配的职能驱动的科层制组织结构	一般项
		39. 设置与业务信息化规范管理和集成相匹配的信息化职能职责（包括但不限于信息化主管部门和业务等相关部门、岗位／角色的职能职责）	一般项
		40. 与业务信息化规范管理和集成相匹配，建立人与人之间标准化、信息化的协作体系	一般项
		41. 以控制为核心，设置与业务信息化规范管理和集成相匹配的职能驱动的标准化管理方式和工作方式	一般项
		42. 建立基于"经济人"假设的，以控制为核心的组织文化体系，通过信息（数字）技术的广泛深入应用满足员工的需求	一般项
业务创新转型	研发	43. 基于信息模型，通过信息系统实现需求分析、初步设计、最终设计等产品设计业务活动的信息化规范管理	研发主场景一般项
		44. 基于信息模型，通过信息系统实现工艺分析、工艺规划等工艺设计业务活动的信息化规范管理	研发主场景一般项
		45. 基于信息模型，通过信息系统实现试验计划、试验执行、分析报告等试验验证业务活动的信息化规范管理	研发主场景一般项
		46. 基于信息模型，通过信息系统实现产品设计、工艺设计、试验验证等研发全过程贯通	研发主场景关键项
	生产	47. 基于信息模型，通过信息系统实现需求分析、生产排程、计划发布等生产计划业务活动的信息化规范管理	生产主场景一般项
		48. 基于信息模型，通过信息系统实现生产进度追踪、质量控制、产品检验等生产执行业务活动的信息化规范管理	生产主场景一般项
		49. 基于信息模型，通过信息系统实现工艺规划、工艺审核、工艺变更管理等工艺管理业务活动的信息化规范管理	生产主场景一般项
		50. 基于信息模型，通过信息系统实现物料入库、物料出库、物流运输等仓储物流管理业务活动的信息化规范管理	生产主场景一般项
		51. 基于信息模型，通过信息系统实现生产计划、生产执行、工艺管理、仓储物流管理等生产管理全过程贯通	生产主场景关键项

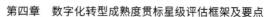

评价域		评估细则	评估项性质
业务创新转型	经营管理	52. 基于信息模型，通过信息系统实现寻源比价、采购交易、成本控制、质量管控、供应商管理等采购活动的信息化规范管理	经营管理主场景一般项
		53. 基于信息模型，通过信息系统实现客户关系、销售预测、交易、交付等销售活动的信息化规范管理	经营管理主场景一般项
		54. 基于信息模型，通过信息系统实现人员招聘、培训、任用、绩效考核等人力资源活动的信息化规范管理	经营管理主场景一般项
		55. 基于信息模型，通过信息系统实现财务活动的信息化规范管理	经营管理主场景一般项
		56. 基于信息模型，通过信息系统实现设备点检、检修、维护等关键活动的信息化规范管理	经营管理主场景一般项
		57. 基于信息模型，通过信息系统实现质量报表、质量结果等信息化规范管理	经营管理主场景一般项
		58. 基于信息模型，通过信息系统实现重点耗能单位 / 重大污染源的信息化规范管理	经营管理主场景一般项
		59. 基于信息模型，通过信息系统实现重大危险源监控、预警等安全生产活动的信息化规范管理	经营管理主场景一般项
		60. 基于信息模型，通过信息系统实现项目计划、关键节点控制等项目活动的信息化规范管理	经营管理主场景一般项
		61. 基于信息模型，通过信息系统实现销售、采购、库存、生产、财务等环节流程贯通	经营管理主场景关键项
	服务	62. 基于信息模型，通过信息系统实现报价与谈判、合同签订等售前与合同签订服务的信息化规范管理	服务主场景一般项
		63. 基于信息模型，通过信息系统实现订单执行过程相关服务的信息化规范管理	服务主场景一般项
		64. 基于信息模型，通过信息系统实现运输配送、交付确认等物流与交付服务的信息化规范管理	服务主场景一般项
		65. 基于信息模型，通过信息系统实现款项收取、回款确认等回款结算服务的信息化规范管理	服务主场景一般项
		66. 基于信息模型，通过信息系统实现客户反馈、问题处理等售后服务的信息化规范管理	服务主场景一般项
		67. 基于信息模型，通过信息系统实现售前与合同签订（订单形成）、生产制造（订单执行）、物流与交付（订单交付）、回款结算（订单完成）、售后服务等服务管理各环节流程贯通	服务主场景关键项

3. 数字化转型成熟度2星级[跨部门（跨环节）—数字化集成]

数字化转型成熟度2星级[跨部门（跨环节）—数字化集成]的评估项见表4-3，共有40项评估细则，其中，关键项4项，一般项36项。

表4-3　数字化转型成熟度2星级[跨部门（跨环节）—数字化集成]评估项

评价域	评估细则	评估项性质
发展战略	1. 制定了数字化相关战略规划，构建了基于数字模型实现跨部门且跨环节业务变革（实现业务的动态化和数字化集成响应）的总体架构和发展蓝图，并提出了明确战略目标、重点任务、实现路径和保障措施	一般项
	2. 构建和形成基于跨部门且跨环节业务创新的成本、效率、质量等一个或多个方面竞争优势的相关部署	一般项
	3. 围绕跨部门且跨环节相关全要素、全员或全过程的数据共享和业务数字化集成，开展了相应的主场景及其涵盖子场景的策划与部署	一般项
	4. 构建和形成基于跨部门且跨环节相关能力的价值点复用模式，基于能力赋能，降低跨部门且跨环节相关业务活动的专业门槛，提高业务活动水平实效，扩大业务活动的参与范围，通过能力的重复使用，实现业务成本降低、效率提升、质量提高等价值效益；基于能力提升对不确定性的柔性响应水平，通过满足跨部门且跨环节相关业务活动的多样化需求扩大价值创造空间	一般项
新型能力	5. 产品创新和研发设计能力：能够基于跨部门且跨环节数字模型自动感知、联动分析和集成管理研发设计跨部门且跨环节的相关数据，并能够实现相关研发设计活动的联动决策和预测预警、联动迭代和优化	一般项
	6. 生产与运营管控能力：能够基于跨部门且跨环节数字模型自动感知、联动分析和集成管理生产或经营管理跨部门且跨环节的相关数据，并能够实现相关生产与运营管控活动的联动决策和预测预警、联动迭代和优化	一般项
	7. 用户服务能力：能够基于跨部门且跨环节数字模型自动感知、联动分析和集成管理跨部门且跨环节用户服务的相关数据，并能够实现相关用户服务活动的联动决策和预测预警、联动迭代和优化	一般项
	8. 供应链或产业链合作能力：能够基于跨部门且跨环节数字模型自动感知、联动分析和集成管理跨部门且跨环节供应链或产业链合作的相关数据，并能够实现供应链或产业链合作活动的联动决策和预测预警、联动迭代和优化	一般项
系统性解决方案	9. 数字化研发工具普及率不低于20%	一般项
	10. 关键工序数控化率不低于20%	一般项
	11. 实现与跨部门且跨环节业务集成响应与决策优化相关关键动态数据的自动采集	关键项
	12. 实现与跨部门且跨环节业务集成响应与决策优化相关关键动态数据的集成与共享	一般项

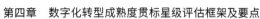

续表

评价域	评估细则	评估项性质
系统性解决方案	13. 建立与跨部门且跨环节业务集成响应与决策优化相关关键动态数据唯一标识、动态共享和关联维护等标准体系	一般项
	14. 建立跨部门且跨环节的数字模型，实现跨部门且跨环节业务活动相关全员、全要素、全过程的数字化、可视化和动态化	关键项
	15. 实现跨部门且跨环节业务集成响应与决策优化相关关键设备设施及其与关联设备设施之间的数据自动感知、集成共享与关联分析、联动响应与执行、协同迭代与优化	一般项
	16. 配置了必要的 IT 基础设施，实现 IT 基础设施及其与其他基础设施、业务系统等的综合集成和动态优化利用	一般项
	17. 在跨部门且跨环节部署实施并运行了信息系统	一般项
	18. 实现跨部门且跨环节相关软件系统的数字化综合集成和优化利用	一般项
	19. 建设应用覆盖多部门、多环节的网络，实现跨部门且跨环节的网络互联，以及相关网络资源的数字化综合集成和优化利用	一般项
	20. 在跨部门且跨环节开展了业务流程的优化设计，建立了流程运行相关的制度与规范	一般项
	21. 制定实施服务于跨部门且跨环节业务集成响应和决策优化的业务流程文件	一般项
	22. 实现跨部门且跨环节的业务流程的数字化跟踪、综合集成管控和优化	一般项
	23. 完成与跨部门且跨环节的业务集成响应和决策优化相关的流程职责、部门职责、岗位职责调整	一般项
	24. 在跨部门且跨环节的业务集成响应和决策优化相关的岗位，配备具备相应数字化专业能力和从业经验的人员	一般项
治理体系	25. 建立以控制为核心的（新一代）信息系统应用意识培养和能力提升机制，确保实现业务信息化规范管理和集成	一般项
	26. 将信息（数字）技术应用纳入战略规划，建立以应用信息（数字）技术实现业务信息化规范管理和集成为主要职责的信息化领导机制	一般项
	27. 由信息部门牵头、相关业务等部门配合，建立信息化战略 / 规划执行活动的信息化规范管理机制	一般项
	28. 建立并有序执行与信息（数字）技术应用相关的制度体系，保障业务信息化规范管理和集成	一般项
	29. 设立信息化资金预算，能够满足业务信息化规范管理与业务集成的要求	一般项
	30. 将数据作为管理对象，开展必要的数据治理工作，确保业务信息化规范管理与运行对数据的要求	一般项
	31. 设立专职信息化岗位，开展信息化人才的招聘、培养和考核	一般项

评价域	评估细则	评估项性质
治理体系	32. 围绕提升业务信息化规范管理和集成的安全可控水平，建立核心信息技术、信息系统等的规范级安全可控机制	一般项
	33. 建立与业务信息化规范管理和集成相匹配的职能驱动的科层制组织结构	一般项
	34. 设置与业务信息化规范管理和集成相匹配的信息化职能职责（包括但不限于信息化主管部门，以及业务等相关部门、岗位／角色的职能职责）	一般项
	35. 与业务信息化规范管理和集成相匹配，建立人与人之间标准化、信息化的协作体系	一般项
	36. 以控制为核心，设置与业务信息化规范管理和集成相匹配的职能驱动的标准化管理方式	一般项
	37. 以控制为核心，建立与业务信息化规范管理和集成相匹配的职能驱动的标准化工作方式	一般项
	38. 建立基于"经济人"假设的、以控制为核心的组织文化体系，通过信息技术的广泛深入应用满足员工对物质利益的需求	一般项
业务创新转型	39. 至少实现两个单部门或单环节业务数字化集成响应与决策优化	关键项
	40. 基于数字模型实现跨部门且跨环节业务数字化集成响应与决策优化	关键项

4. 数字化转型成熟度3星级（主场景—数字化集成）

数字化转型成熟度3星级（主场景—数字化集成）的评估项见表4-4，共有70项评估细则，其中，关键项12项，一般项58项。

表4-4　数字化转型成熟度3星级（主场景—数字化集成）评估项

评价域	评估细则	评估项性质
发展战略	1. 制定了数字化转型战略，构建了基于主场景数字模型实现主营业务活动板块业务变革（实现业务的动态化和数字化集成响应）的总体架构和发展蓝图，提出了明确的战略目标、重点任务、实现路径和保障措施	一般项
	2. 在主场景业务范围内，构建和形成基于业务创新的成本、效率、质量等一个或多个方面的竞争优势的相关部署	一般项
	3. 围绕至少在一个主营业务活动板块实现全要素、全员或全过程的数据共享和业务数字化集成，开展了相应的主场景及其涵盖的子场景的策划与部署	一般项
	4. 构建和形成基于场景级能力的价值点复用模式，基于场景级能力赋能，降低业务活动的专业门槛，提高业务活动的水平成效，扩大业务活动的参与范围，通过场景级能力的重复使用，实现业务成本降低、效率提升、质量提高等价值效益；基于场景级能力提升对不确定性的柔性响应水平，通过满足业务主场景相关业务活动的多样化需求，扩大价值创造空间	一般项

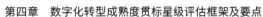

续表

评价域	评估细则	评估项性质
新型能力	5. 产品创新和研发设计能力：至少在研发主场景，能够基于场景级数字模型实现所有研发设计活动全要素、全员或全过程的数字化自动感知、联动分析和集成管理，以及联动响应和执行，并能够实现所有研发设计活动全要素、全员或全过程的联动决策和预测预警、联动迭代和优化	一般项
	6. 生产与运营管控能力：至少在生产或经营管理主场景，能够基于场景级数字模型实现所有生产或经营管理活动全要素、全员或全过程的数字化自动感知、联动分析和集成管理，以及联动响应和执行，并能够实现所有生产或经营管理活动全要素、全员或全过程的联动决策和预测预警、联动迭代和优化	一般项
	7. 用户服务能力：至少在服务主场景，能够基于场景级数字模型实现所有用户服务活动全要素、全员或全过程的数字化自动感知、联动分析和集成管理，以及联动响应和执行，并能够实现所有用户服务活动全要素、全员或全过程的联动决策和预测预警、联动迭代和优化	一般项
	8. 供应链或产业链合作能力：至少在生产、服务或经营管理等一个主场景，能够基于场景级数字模型实现所有供应链合作活动全要素、全员或全过程的数字化自动感知、联动分析和集成管理，以及联动响应和执行，并能够实现所有供应链合作活动全要素、全员或全过程的联动决策和预测预警、联动迭代和优化	一般项
系统性解决方案	9. 数字化研发工具普及率不低于30%	一般项
	10. 关键工序数控化率不低于30%	一般项
	11. 在研发主场景，能够实现产品设计、工艺设计、试验验证等研发过程中产品、研发人员、设备设施、物料、方法、环境等关键动态数据自动采集	研发主场景关键项
	12. 在生产主场景，能够实现生产计划、生产执行、工艺管理、仓储物流等生产制造过程中"人、机、料、法、环"等全要素关键动态数据的自动采集	生产主场景关键项
	13. 在服务主场景，能够实现售前与合同签订（订单形成）生产制造（订单执行）、物流与交付（订单交付）、回款结算（订单完成）、售后服务等服务过程中订单、人、财、物等关键动态数据的自动采集	服务主场景关键项
	14. 在经营管理主场景，能够实现销售、采购、库存、生产、财务等经营管理过程中人、财、物、质量等关键动态数据的自动采集	经营管理主场景关键项
	15. 至少在一个主场景，实现其全要素、全员或全过程数据的集成与共享	一般项
	16. 至少在一个主场景，建立其所有业务活动相关数据唯一标识、动态共享和关联维护等标准体系	一般项
	17. 在研发主场景，构建覆盖其全部主要业务活动的数字模型，实现关键业务活动的数字化、动态化	研发主场景关键项

评价域	评估细则	评估项性质
系统性解决方案	18. 在生产主场景，构建覆盖其全部主要业务活动的数字模型，实现关键业务活动的数字化、动态化	生产主场景关键项
	19. 在服务主场景，构建覆盖其全部主要业务活动的数字模型，实现关键业务活动的数字化、动态化	服务主场景关键项
	20. 在经营管理主场景，构建覆盖其全部主要业务活动的数字模型，实现关键业务活动的数字化、动态化	经营管理主场景关键项
	21. 至少在一个主场景，实现所有关键设备设施及其与关联设备设施之间的数据自动感知、集成共享与关联分析、联动响应与执行、协同迭代与优化	一般项
	22. 至少在一个主场景，实现 IT 基础设施及其与其他基础设施、业务系统等的综合集成和动态优化利用	一般项
	23. 在研发主场景，实现所有研发业务相关软件系统的数字化综合集成和优化利用	一般项
	24. 在生产主场景，实现所有生产业务相关软件系统的数字化综合集成和优化利用	一般项
	25. 在服务主场景，实现所有服务业务相关软件系统的数字化综合集成和优化利用	一般项
	26. 在经营管理主场景，实现所有经营管理业务相关软件系统的数字化综合集成和优化利用	一般项
	27. 至少在一个主场景，建设应用覆盖其全要素、全员或全过程的场景级网络，实现该场景级网络及相关网络资源的数字化综合集成和优化利用	一般项
	28. 至少在一个主场景，完成与该场景所有业务活动全要素、全员或全过程数字化综合集成和优化相关的业务流程优化设计；制定并实施覆盖所有关键业务流程动态协同与优化的场景级业务流程文件	一般项
	29. 至少在一个主场景，实现所有业务流程的数字化跟踪、综合集成管控和优化	一般项
	30. 至少在一个主场景，实现与所有业务活动全要素、全员或全过程综合集成相关的流程职责联动调整和优化，以及相关部门职责和岗位职责的匹配调整和协调运转，配备具备相应数字专业能力和从业经验的人员	一般项
治理体系	31. 建立以结果为核心的数字化业务场景建设意识培养和能力提升机制，确保实现研发、生产、用户服务或经营管理主营业务数字化、场景化和柔性化运行	一般项
	32. 数字化业务场景建设和关键业务数字化、场景化、柔性化（多样化、个性化）运行成为战略规划的重要组成部分，建立涵盖高层分管领导及数字化专职部门的数字化领导机制	一般项

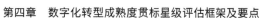

续表

评价域		评估细则	评估项性质
治理体系		33. 由数字化、业务等相关部门共同负责、协调联动，至少在一个主场景，建立数字化战略/规划执行活动全要素、全员或全过程的数字化跟踪和集成管控机制	一般项
		34. 建立并有序执行业务主场景范围内数据、技术、流程、组织4个要素的数字化管理制度体系，实现对4个要素的有效管理和优化	一般项
		35. 将数字化资金投入纳入相关财务预算，确保资金投入适宜、及时、持续和有效	一般项
		36. 将数据作为关键资源，围绕主营业务数字化、场景化、柔性化运行，建立并有序执行涵盖数据采集、集成共享、开发利用等的数据治理体系	一般项
		37. 设立专职数字化岗位，开展数字化人才的招聘、培养和考核	一般项
		38. 围绕提升主营业务数字化、场景化、柔性化运行的安全可控水平，建立核心数字技术、数字化设备设施、场景级业务系统、数据模型等的场景级安全可控机制	一般项
		39. 建立与主营业务数字化、场景化、柔性化运行相匹配的技术使能矩阵型组织结构	一般项
		40. 设置与关键业务数字化、场景化、柔性化运行相匹配的场景级数字化职能职责（包括但不限于高层领导，数字化、业务等相关部门共同负责、协调联动，以及岗位/角色等的职能职责）	一般项
		41. 至少在一个主场景，建立人、机、物之间数字化协作体系，并建立执行活动的数字化跟踪和集成管控机制	一般项
		42. 以结果为核心（导向），设置与关键业务数字化、场景化、柔性化运行相匹配的技术使能、机器智能辅助的赋能型柔性管理方式和工作方式	一般项
		43. 建立基于"社会人"假设的，以结果为核心（导向）的企业文化体系，通过数字业务场景建设满足员工多样化发展的需求	一般项
业务创新转型	研发	44. 基于数字模型，实现需求分析、初步设计、最终设计等产品设计业务活动的数字化集成响应和决策优化	研发主场景一般项
		45. 基于数字模型，实现工艺分析、工艺规划等工艺设计业务活动的数字化集成响应和决策优化	研发主场景一般项
		46. 基于数字模型，实现试验计划、试验执行、分析报告等试验验证业务活动的数字化集成响应和决策优化	研发主场景一般项
		47. 基于数字模型，实现产品设计、工艺设计、试验验证等研发全过程关键业务数字化集成响应和决策优化	研发主场景关键项
	生产	48. 基于数字模型，实现需求分析、生产排程、计划发布等生产计划业务活动的数字化集成响应和决策优化	生产主场景一般项

评价域		评估细则	评估项性质
业务创新转型	生产	49. 基于数字模型，实现生产进度追踪、质量控制、产品检验等生产执行业务活动的数字化集成响应和决策优化	生产主场景一般项
		50. 基于数字模型，实现工艺规划、工艺审核、工艺变更管理等工艺管理业务活动的数字化集成响应和决策优化	生产主场景一般项
		51. 基于数字模型，实现物料入库、物料出库、物流运输等仓储物流管理业务活动的数字化集成响应和决策优化	生产主场景一般项
		52. 基于数字模型，实现生产计划、生产执行、工艺管理、仓储物流管理等生产管理全过程的数字化集成响应和决策优化	生产主场景关键项
	经营管理	53. 基于数字模型，实现寻源比价、采购交易、成本控制、质量管控、供应商管理等采购活动的数字化集成响应和决策优化	经营管理主场景一般项
		54. 基于数字模型，实现客户关系、销售预测、交易、交付等销售活动的数字化集成响应和决策优化	经营管理主场景一般项
		55. 基于数字模型，实现人员招聘、培训、任用、绩效考核等人力资源活动的数字化集成响应和决策优化	经营管理主场景一般项
		56. 基于数字模型，实现财务活动的数字化集成响应和决策优化	经营管理主场景一般项
		57. 基于数字模型，实现设备点检、检修、维护等关键活动的数字化集成响应和决策优化	经营管理主场景一般项
		58. 基于数字模型，实现质量报表、质量结果等集成响应和决策优化	经营管理主场景一般项
		59. 基于数字模型，实现重点耗能单位 / 重大污染源的数字化集成响应和决策优化	经营管理主场景一般项
		60. 基于数字模型，实现重大危险源监控、预警等安全生产活动的数字化集成响应和决策优化	经营管理主场景一般项
		61. 基于数字模型，实现项目计划、关键节点控制等项目活动的数字化集成响应和决策优化	经营管理主场景一般项
		62. 基于数字模型，实现销售、采购、库存、生产、财务等环节的数字化集成响应和决策优化	经营管理主场景关键项
	用户服务	63. 基于数字模型，实现报价与谈判、合同签订等售前与合同签订服务的数字化集成响应和决策优化	用户服务主场景一般项
		64. 基于数字模型，实现订单执行跟踪服务的数字化集成响应和决策优化	用户服务主场景一般项
		65. 基于数字模型，实现运输配送、交付确认等物流与交付服务的数字化集成响应和决策优化	用户服务主场景一般项

评价域		评估细则	评估项性质
业务创新转型	用户服务	66. 基于数字模型，实现款项收取、回款确认等回款结算服务的数字化集成响应和决策优化	用户服务主场景一般项
		67. 基于数字模型，实现客户反馈、问题处理等售后服务的数字化集成响应和决策优化	用户服务主场景一般项
		68. 基于数字模型，实现售前与合同签订（订单形成）、生产制造（订单执行）、物流与交付（订单交付）、回款结算（订单完成）、售后服务等服务管理各环节的数字化集成响应和决策优化	用户服务主场景关键项
	综合效益	69. 全员劳动生产率至少达到行业平均水平	一般项
		70. 万元产值综合能耗至少达到行业领先水平	一般项

5. 数字化转型成熟度 3 星级 [跨部门（跨企业）—知识协同]

数字化转型成熟度 3 星级 [跨部门（跨企业）—知识协同] 的评估项见表 4-5，共有 41 项评估细则，其中，关键项 4 项，一般项 37 项。

表4-5　数字化转型成熟度3星级[跨部门（跨企业）—知识协同]评估项

评价域	评估细则	评估项性质
发展战略	1. 制定了数字化转型战略，构建了基于知识模型实现跨部门且跨环节业务变革（实现业务的柔性化、动态化、多样性、个性化以应对不确定性）的总体架构和发展蓝图，提出了明确的战略目标、重点任务、实现路径和保障措施	一般项
	2. 在跨部门且跨环节业务范围内，构建和形成基于业务创新的成本、效率、质量等一个或多个方面的竞争优势的相关部署	一般项
	3. 围绕在跨部门且跨环节实现基于知识模型的全要素、全员和全过程的数据动态共享和业务动态协同，开展了相应的跨部门且跨环节场景的策划与部署	一般项
	4. 构建和形成基于能力的价值点复用模式，基于能力赋能，降低跨部门且跨环节相关业务活动的专业门槛，提高业务活动的水平成效，扩大业务活动的参与范围，通过能力的重复使用，实现业务成本降低、效率提升、质量提高等价值效益；基于能力提升对不确定性的柔性响应水平，通过满足业务跨部门且跨环节相关业务活动的多样化需求，扩大价值创造空间	一般项
新型能力	5. 产品创新和研发设计能力：至少在研发相关跨部门且跨环节，能够基于知识模型实现所有研发设计活动全要素、全员和全过程的动态感知和动态分析，并能够实现所有研发设计活动全要素、全员和全过程的动态协同响应和柔性精准执行，以及模型推理型动态决策和预测预警、动态迭代和协同优化	一般项

评价域	评估细则	评估项性质
新型能力	6. 生产与运营管控能力：至少在生产或经营管理相关跨部门且跨环节，能够基于知识模型实现所有生产或经营管理活动全要素、全员和全过程的动态感知和动态分析，并能够实现所有生产或经营管理活动全要素、全员和全过程的动态协同响应和柔性精准执行，以及模型推理型动态决策和预测预警、动态迭代和协同优化	一般项
	7. 用户服务能力：至少在服务相关跨部门且跨环节，能够基于知识模型实现所有用户服务活动全要素、全员和全过程的动态感知和动态分析，并能够实现所有用户服务活动全要素、全员和全过程的动态协同响应和柔性精准执行，以及模型推理型动态决策和预测预警、动态迭代和协同优化	一般项
	8. 供应链或产业链合作能力：至少在供应链或产业链合作相关跨部门且跨环节，能够基于知识模型实现所有供应链合作活动全要素、全员和全过程的动态感知和动态分析，并能够实现所有供应链合作活动全要素、全员和全过程的动态协同响应和柔性精准执行，以及模型推理型动态决策和预测预警、动态迭代和协同优化	一般项
系统性解决方案	9. 数字化研发工具普及率不低于40%	一般项
	10. 关键工序数控化率不低于40%	一般项
	11. 通过数据采集设备设施等，实现跨部门且跨环节主要动态数据自动采集	关键项
	12. 实现跨部门且跨环节相关全要素、全员和全过程多源异构数据的动态集成与共享	一般项
	13. 建立跨部门且跨环节所有业务活动相关数据唯一标识、动态共享和关联维护等标准体系	一般项
	14. 构建覆盖跨部门且跨环节全部主要业务活动的知识模型，实现知识经验和技能的数字化、工具化和个性化共享	关键项
	15. 实现跨部门且跨环节所有关键设备设施及其与关联设备设施之间的模型推理自动感知和动态关联分析、动态协同响应与柔性精准执行、模型推理型动态决策与预测预警、动态迭代和协同优化等	一般项
	16. 实现 IT 基础设施及其与其他基础设施、业务系统等的跨部门且跨环节综合集成和动态优化利用	一般项
	17. 构建跨部门且跨环节的模块化、组件化软件集成框架，实现相关软件系统的动态集成和动态优化利用	一般项
	18. 实现多部门、多环节网络及相关网络资源的动态互联和动态优化	一般项
	19. 完成跨部门且跨环节业务流程端到端动态优化设计	一般项

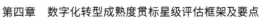

评价域	评估细则	评估项性质
系统性 解决方案	20. 制定并实施覆盖所有跨部门且跨环节业务流程端到端动态优化设计的业务流程文件	一般项
	21. 基于知识模型实现跨部门且跨环节业务流程端到端业务流程的动态跟踪、动态协同管控和优化	一般项
	22. 基于知识模型实现跨部门且跨环节流程职责的动态协同调整和优化，以及相关部门（团队）职责、岗位职责的动态匹配调整和协调运转	一般项
	23. 在与跨部门且跨环节业务活动柔性运行和动态优化相关的岗位，配备具备相应数字专业能力和从业经验的人员，并通过人机动态交互实现相关人员与岗位之间的动态匹配	一般项
治理体系	24. 建立以结果为核心的数字化业务场景建设意识培养和能力提升机制，确保实现研发、生产、用户服务或经营管理主营业务数字化、场景化和柔性化运行	一般项
	25. 数字化业务场景建设和关键业务数字化、场景化、柔性化（多样化、个性化）运行成为战略规划的重要组成部分，建立涵盖高层分管领导及数字化专职部门的数字化领导机制	一般项
	26. 由数字化、业务等相关部门共同负责、协调联动，在跨部门且跨环节建立数字化战略/规划执行活动全要素、全员和全过程的数字化动态跟踪、动态管控和优化机制	一般项
	27. 建立并有序执行业务跨部门且跨环节范围内数据、技术、流程、组织4个要素的数字化管理制度体系，实现对4个要素的有效管理和优化	一般项
	28. 将数字化资金投入纳入相关财务预算，确保资金投入适宜、及时、持续和有效	一般项
	29. 将数据作为关键资源，围绕主营业务数字化、场景化、柔性化运行，建立并有序执行涵盖数据采集、集成共享、开发利用等的数据治理体系	一般项
	30. 设立专职数字化岗位，开展数字化人才的招聘、培养和考核	一般项
	31. 围绕提升主营业务数字化、场景化、柔性化运行的安全可控水平，建立核心数字技术、数字化设备设施、场景级业务系统、数据模型等的场景级安全可控机制	一般项
	32. 建立与主营业务数字化、场景化、柔性化运行相匹配的技术使能的矩阵型组织结构	一般项
	33. 设置与关键业务数字化、场景化、柔性化运行相匹配的场景级数字化职能职责（包括但不限于高层领导，数字化、业务等相关部门共同负责、协调联动，以及岗位/角色等的职能职责）	一般项
	34. 在跨部门且跨环节，建立人、机、物之间的数字化协作体系，并建立执行活动全要素、全员和全过程的动态跟踪、动态管控和优化机制	一般项

评价域	评估细则	评估项性质
治理体系	35. 以结果为核心（导向），设置与关键业务数字化、场景化、柔性化运行相匹配的技术使能、机器智能辅助的赋能型柔性管理方式	一般项
	36. 以结果为核心（导向），建立与关键业务数字化、场景化、柔性化运行相匹配的技术使能、机器智能辅助的赋能型柔性工作方式	一般项
	37. 建立基于"社会人"假设的，以结果为核心（导向）的企业文化体系，通过数字业务场景建设满足员工多样化发展的需求	一般项
业务创新转型	38. 至少在两个单部门或单环节内，基于知识模型实现关键业务活动的动态协同	关键项
	39. 基于知识模型，实现跨部门且跨环节关键业务多样化、个性化动态响应、动态协调联动和优化	关键项
	40. 全员劳动生产率至少达到行业平均水平	一般项
	41. 万元产值综合能耗至少达到行业平均水平	一般项

6. 数字化转型成熟度3星级（全企业—信息系统集成）

数字化转型成熟度3星级（全企业—信息系统集成）的评估项见表4-6，共65项评估细则，其中，关键项9项，一般项56项。

表4-6 数字化转型成熟度3星级（全企业—信息系统集成）评估项

评价域	评估细则	评估项性质
发展战略	1. 制定了信息化专项规划，聚焦基于全企业信息模型的全企业范围内流程贯通与数据集成，形成覆盖全企业完整的（关键业务环节全覆盖且集成）信息系统集成建设要求，支持实现提质、降本、增效的企业发展目标	一般项
	2. 有通过信息（数字）技术应用，构建和形成基于传统业务的成本、效率、质量等一个或多个方面竞争优势的相关部署	一般项
	3. 有在全企业范围内应用信息（数字）技术实现企业级主营业务流程（研发、生产、用户服务和经营管理等全覆盖）贯通和集成的信息化业务场景策划与部署	一般项
新型能力	4. 产品创新和研发设计能力：在全企业范围内，能够基于全企业信息模型实现产品全生命周期研发设计相关数据的信息化收集、关联分析和集成管理，并实现产品全寿命周期研发设计活动的信息化关联响应、执行和集成管理、辅助决策，以及信息化、规范化关联迭代和优化	一般项
	5. 生产与运营管控能力：在全企业范围内，能够基于全企业信息模型实现企业所在领域全部主场景内生产与经营管理相关数据的信息化收集、关联分析和集成管理，并实现企业所在领域全部主场景内生产与经营管理活动的信息化关联响应、执行和集成管理、辅助决策，以及信息化、规范化关联迭代和优化	一般项

评价域	评估细则	评估项性质
新型能力	6. 用户服务能力：在全企业范围内，能够基于全企业信息模型实现企业用户服务生命周期内用户服务相关数据的信息化收集、关联分析和集成管理，并实现企业用户服务生命周期内用户服务活动的信息化关联响应、执行和集成管理、辅助决策，以及信息化、规范化关联迭代和优化	一般项
	7. 供应链或产业链合作能力：在全企业范围内，能够基于全企业信息模型实现企业所在领域的全部主场景内供应链合作相关数据的信息化收集、关联分析和集成管理，并实现企业所在领域的全部主场景内供应链合作活动的信息化关联响应、执行和集成管理、辅助决策，以及信息化、规范化关联迭代和优化	一般项
	8. 人才开发与知识赋能能力：在全企业范围内，能够基于全企业信息模型实现人才开发与知识分享活动相关数据的信息化收集、关联分析和集成管理，并实现人才开发与知识分享活动的信息化关联响应、执行和集成管理、辅助决策，以及信息化、规范化关联迭代和优化	一般项
	9. 数据开发能力：在全企业范围内，能够基于全企业信息模型，实现企业所在领域的全部主场景内数据应用相关数据的信息化收集、关联分析和集成管理，并实现数据应用活动的信息化关联响应、执行和集成管理、辅助决策，以及信息化、规范化关联迭代和优化	一般项
系统性解决方案	10. 数字化研发工具普及率不低于 30%	一般项
	11. 关键工序数控化率不低于 30%	一般项
	12. 实现企业所在领域的全部主场景内所有业务信息化规范管理，以及业务集成相关数据的信息化收集录入	关键项
	13. 实现企业所在领域的全部主场景内所有业务信息化规范管理，以及业务集成相关数据的集中管理与交换共享	一般项
	14. 开展与业务信息化规范管理，以及业务集成相关的数据标准化建设	一般项
	15. 建立覆盖企业所在领域的全部主场景的信息模型，实现全链条业务表单化、表单流程化、流程信息化	关键项
	16. 在全企业范围内，所有关键设备设施具备自动控制等相关功能，且实现关联设备设施之间以及其与相关业务信息系统之间的信息交互	一般项
	17. 配置必要的 IT 基础设施，实现 IT 基础设施的规范化管理和集成	一般项
	18. 部署和应用与企业所有业务信息化规范管理，以及业务集成相关的软件系统	一般项
	19. 建立应用覆盖企业所在领域的全部主场景的企业级网络，实现企业所在领域的全部主场景内企业级网络及相关网络资源的集成管理	一般项
	20. 在全企业范围内，开展覆盖全部关键业务的流程优化设计，制定实施服务于业务信息化规范管理与集成的业务流程文件	一般项

评价域		评估细则	评估项性质
系统性 解决方案		21. 在全企业范围内实现所有业务流程的信息化规范管理和集成管控	一般项
		22. 在全企业范围内，完成与所有业务信息化规范管理以及业务集成相关的流程职责、部门职责、岗位职责调整，配备具备相应信息化专业能力和从业经验的人员	一般项
治理体系		23. 建立以控制为核心的（新一代）信息系统应用意识培养和能力提升机制，确保实现业务信息化规范管理和集成	一般项
		24. 将信息（数字）技术应用纳入战略规划，建立以应用信息（数字）技术实现业务信息化规范管理和集成为主要职责的信息化领导机制	一般项
		25. 由信息部门牵头、相关业务部门配合，建立信息化战略／规划执行活动的信息化规范管理机制	一般项
		26. 建立并有序执行与信息（数字）技术应用相关的制度体系，保障业务信息化规范管理和集成	一般项
		27. 设立信息化资金预算，能够满足业务信息化规范管理与业务集成的要求	一般项
		28. 将数据作为管理对象，开展必要的数据治理工作，确保满足业务信息化规范管理与运行对数据的要求	一般项
		29. 设立专职信息化岗位，开展信息化人才的招聘、培养和考核	一般项
		30. 围绕提升业务信息化规范管理和集成的安全可控水平，建立核心信息技术、信息系统等的规范级安全可控机制	一般项
		31. 建立与业务信息化规范管理和集成相匹配的职能驱动的科层制组织结构	一般项
		32. 设置与业务信息化规范管理和集成相匹配的信息化职能职责（包括但不限于信息化主管部门和业务等相关部门、岗位／角色的职能职责）	一般项
		33. 与业务信息化规范管理和集成相匹配，建立人与人之间标准化、信息化的协作体系	一般项
		34. 以控制为核心，设置与业务信息化规范管理和集成相匹配的职能驱动的标准化管理方式和工作方式	一般项
		35. 建立基于"经济人"假设的，以控制为核心的组织文化体系，通过信息（数字）技术的广泛深入应用满足员工对物质利益的需求	一般项
业务 创新 转型	研发	36. 基于信息模型，通过信息系统实现需求分析、初步设计、最终设计等产品设计业务活动的全过程贯通和集成响应	研发主场景 一般项
		37. 基于信息模型，通过信息系统实现工艺分析、工艺规划等工艺设计业务活动的全过程贯通和集成响应	研发主场景 一般项
		38. 基于信息模型，通过信息系统实现试验计划、试验执行、分析报告等试验验证业务活动的全过程贯通和集成响应	研发主场景 一般项

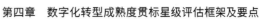

评价域		评估细则	评估项性质
业务创新转型	研发	39. 基于信息模型，通过信息系统实现产品设计、工艺设计、试验验证等研发的全流程贯通和集成响应	研发主场景关键项
	生产	40. 基于信息模型，通过信息系统实现需求分析、生产排程、计划发布等生产计划业务活动的全过程贯通和集成响应	生产主场景一般项
		41. 基于信息模型，通过信息系统实现生产进度追踪、质量控制、产品检验等生产执行业务活动的全过程贯通和集成响应	生产主场景一般项
		42. 基于信息模型，通过信息系统实现工艺规划、工艺审核、工艺变更管理等工艺管理业务活动的全过程贯通和集成响应	生产主场景一般项
		43. 基于信息模型，通过信息系统实现物料入库、物料出库、物流运输等仓储物流管理业务活动的全过程贯通和集成响应	生产主场景一般项
		44. 基于信息模型，通过信息系统实现生产计划、生产执行、工艺管理、仓储物流管理等生产管理活动的全流程贯通和集成响应	生产主场景关键项
	经营管理	45. 基于信息模型，通过信息系统实现寻源比价、采购交易、成本控制、质量管控、供应商管理等采购活动的全流程贯通和集成响应	经营管理主场景一般项
		46. 基于信息模型，通过信息系统实现客户关系、销售预测、交易、交付等销售活动的全流程贯通和集成响应	经营管理主场景一般项
		47. 基于信息模型，通过信息系统实现人员招聘、培训、任用、绩效考核等人力资源活动的全流程贯通和集成响应	经营管理主场景一般项
		48. 基于信息模型，通过信息系统实现财务活动的全过程贯通和集成响应	经营管理主场景一般项
		49. 基于信息模型，通过信息系统实现设备点检、检修、维护等关键活动的全过程贯通和集成响应	经营管理主场景一般项
		50. 基于信息模型，通过信息系统实现质量报表、质量结果等的全过程贯通和集成响应	经营管理主场景一般项
		51. 基于信息模型，通过信息系统实现重点耗能单位/重大污染源的全过程贯通和集成响应	经营管理主场景一般项
		52. 基于信息模型，通过信息系统实现重大危险源监控、预警等安全生产活动的全过程贯通和集成响应	经营管理主场景一般项
		53. 基于信息模型，通过信息系统实现项目计划、关键节点控制等项目活动的全过程贯通和集成响应	经营管理主场景一般项
		54. 基于信息模型，通过信息系统实现销售、采购、库存、生产、财务等环节流程贯通	经营管理主场景关键项

评价域		评估细则	评估项性质
业务创新转型	用户服务	55. 基于信息模型，通过信息系统实现报价与谈判、合同签订等售前与合同签订服务的全过程贯通和集成响应	用户服务主场景一般项
		56. 基于信息模型，通过信息系统实现订单执行跟踪服务的全过程贯通和集成响应	用户服务主场景一般项
		57. 基于信息模型，通过信息系统实现运输配送、交付确认等物流与交付服务的全过程贯通和集成响应	用户服务主场景一般项
		58. 基于信息模型，通过信息系统实现款项收取、回款确认等回款结算服务的全过程贯通和集成响应	用户服务主场景一般项
		59. 基于信息模型，通过信息系统实现客户反馈、问题处理等售后服务的全过程贯通和集成响应	用户服务主场景一般项
		60. 基于信息模型，通过信息系统实现售前与合同签订（订单形成）、生产制造（订单执行）、物流与交付（订单交付）、回款结算（订单完成）、售后服务等服务管理各环节流程贯通	用户服务主场景关键项
	资源链	61. 基于资源链完备的信息模型，以资源计划管理为切入点，通过信息系统集成实现人、财、物等资源的集中管理，以及研发、生产、管理、服务业务运行过程中资源的全局统筹和优化配置	资源链关键项
	价值链	62. 基于价值链完备的信息模型，以订单为切入点，通过信息系统集成实现从线索到签单、采购、研发、生产制造、物流与交付、服务等内外部供应链的全过程贯通和集成响应	价值链关键项
	产品链	63. 基于产品链完备的信息模型，以产品为切入点，通过信息系统集成实现需求定义、产品设计、工艺设计、生产制造、产品交付、售后服务等产品寿命周期的全过程贯通和集成响应	产品链关键项
	综合效益	64. 全员劳动生产率至少达到行业平均水平	一般项
		65. 万元产值综合能耗至少达到行业领先水平	一般项

7. 数字化转型成熟度4星级（主场景—知识协同）

数字化转型成熟度4星级（主场景—知识协同）的评估项见表4-7，共70项评估细则，其中，关键项12项，一般项58项。

表4-7　数字化转型成熟度4星级（主场景—知识协同）评估项

评价域	评估细则	评估项性质
发展战略	1. 制定了数字化转型战略，构建基于主场景知识模型实现主营业务活动板块业务变革（实现业务的柔性化、动态化、多样性、个性化以应对不确定性）的总体架构和发展蓝图，提出明确的战略目标、重点任务、实现路径和保障措施	一般项

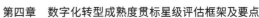

续表

评价域	评估细则	评估项性质
发展战略	2. 在主场景业务范围内，构建和形成基于业务创新的成本、效率、质量等一个或多个方面的竞争优势的相关部署	一般项
	3. 围绕至少在一个主营业务活动板块实现基于知识模型的全要素、全员和全过程的数据动态共享和业务动态协同，开展了相应的主场景及其涵盖的子场景的策划与部署	一般项
	4. 构建和形成基于场景级能力的价值点复用模式，基于场景级能力赋能，降低业务活动的专业门槛，提高业务活动的水平成效，扩大业务活动的参与范围，通过场景级能力的重复使用，实现业务成本降低、效率提升、质量提高等价值效益；基于场景级能力提升对不确定性的柔性响应水平，通过满足业务主场景相关业务活动的多样化需求，扩大价值创造空间	一般项
新型能力	5. 产品创新和研发设计能力：至少在研发主场景，能够基于场景级知识模型实现所有研发设计活动全要素、全员和全过程的动态感知和动态分析，并能够实现所有研发设计活动全要素、全员和全过程的动态协同响应和柔性精准执行，以及模型推理型动态决策和预测预警、动态迭代和协同优化	一般项
	6. 生产与运营管控能力：至少在生产或经营管理主场景，能够基于场景级知识模型实现所有生产或经营管理活动全要素、全员和全过程的动态感知和动态分析，并能够实现所有生产或经营管理活动全要素、全员和全过程的动态协同响应和柔性精准执行，以及模型推理型动态决策和预测预警、动态迭代和协同优化	一般项
	7. 用户服务能力：至少在服务主场景，能够基于场景级知识模型实现所有用户服务活动全要素、全员和全过程的动态感知和动态分析，并能够实现所有用户服务活动全要素、全员和全过程的动态协同响应和柔性精准执行，以及模型推理型动态决策和预测预警、动态迭代和协同优化	一般项
	8. 供应链或产业链合作能力：至少在生产、服务或经营管理等一个主场景，能够基于场景级知识模型实现所有供应链合作活动全要素、全员和全过程的动态感知和动态分析，并能够实现所有供应链合作活动全要素、全员和全过程的动态协同响应和柔性精准执行，以及模型推理型动态决策和预测预警、动态迭代和协同优化	一般项
系统性解决方案	9. 数字化研发工具普及率不低于40%	一般项
	10. 关键工序数控化率不低于40%	一般项
	11. 在研发主场景，通过数据采集设备设施等，能够实现产品设计、工艺设计、试验验证等研发过程中，产品、研发人员、设备设施、物料、方法、环境等主要动态数据的自动采集	研发主场景关键项
	12. 在生产主场景，通过数据采集设备设施等，能够实现生产计划、生产执行、工艺管理、仓储物流等生产制造过程中"人、机、料、法、环"等全要素主要动态数据的自动采集	生产主场景关键项

评价域	评估细则	评估项性质
	13. 在服务主场景，通过数据采集设备设施等，能够实现售前与合同签订（订单形成）、生产制造（订单执行）、物流与交付（订单交付）、回款结算（订单完成）、售后服务等服务过程中，订单、人、财、物等主要动态数据的自动采集	服务主场景关键项
	14. 在经营管理主场景，通过数据采集设备设施等，能够实现销售、采购、库存、生产、财务等经营管理过程中，人、财、物、质量等主要动态数据的自动采集	经营管理主场景关键项
	15. 至少在一个主场景，实现其全要素、全员和全过程多源异构数据的动态集成与共享	一般项
	16. 至少在一个主场景，建立其所有业务活动相关数据唯一标识、动态共享和关联维护等标准体系	一般项
	17. 在研发主场景，构建覆盖其主要业务活动的知识模型，实现知识经验和技能的数字化、工具化和个性化共享	研发主场景关键项
	18. 在生产主场景，构建覆盖其主要业务活动的知识模型，实现知识经验和技能的数字化、工具化和个性化共享	生产主场景关键项
	19. 在服务主场景，构建覆盖其主要业务活动的知识模型，实现知识经验和技能的数字化、工具化和个性化共享	服务主场景关键项
	20. 在经营管理主场景，构建覆盖其主要业务活动的知识模型，实现知识经验和技能的数字化、工具化和个性化共享	经营管理主场景关键项
系统性解决方案	21. 至少在一个主场景，实现所有关键设备设施及与关联设备设施之间的模型推理型自动感知和动态关联分析、动态协同响应与柔性精准执行、模型推理型动态决策与预测预警、动态迭代和协同优化等	一般项
	22. 至少在一个主场景，实现信息基础设施及其与其他基础设施、业务系统等的综合集成和动态优化利用	一般项
	23. 在研发主场景，构建模块化、组件化的场景级软件集成框架，实现所有研发业务相关软件系统的动态集成和动态优化利用	一般项
	24. 在生产主场景，构建模块化、组件化的场景级软件集成框架，实现所有生产业务相关软件系统的动态集成和动态优化利用	生产主场景一般项
	25. 在服务主场景，构建模块化、组件化的场景级软件集成框架，实现所有服务业务相关软件系统的动态集成和动态优化利用	服务主场景一般项
	26. 在经营管理主场景，构建模块化、组件化的场景级软件集成框架，实现所有经营管理业务相关软件系统的动态集成和动态优化利用	经营管理主场景一般项
	27. 至少在一个主场景，建设应用覆盖其全要素、全员和全过程的场景级网络，基于知识模型实现该场景级网络及相关网络资源的动态互联和动态优化利用	一般项
	28. 至少在一个主场景，构建场景级业务流程知识模型，制定并实施业务流程端到端动态优化设计；覆盖所有关键业务流程动态协同与优化的场景级业务流程文件	一般项

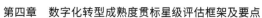

评价域	评估细则	评估项性质
系统性解决方案	29. 至少在一个主场景，基于场景级知识模型实现端到端业务流程的动态跟踪、动态协同管控和优化	一般项
	30. 至少在一个主场景，基于场景级知识模型实现的端到端流程职责的动态协同调整和优化，以及相关部门（团队）职责、岗位职责的动态匹配调整和协调运转，配备具备相应数字专业能力和从业经验的人员，并通过人机动态交互实现相关人员与岗位之间的动态匹配	一般项
治理体系	31. 建立以结果为核心的数字化的业务场景建设意识培养和能力提升机制，确保实现研发、生产、用户服务或经营管理主营业务数字化、场景化和柔性化运行	一般项
	32. 数字化业务场景建设和关键业务数字化、场景化、柔性化（多样化、个性化）运行成为战略规划的重要组成部分，建立涵盖高层分管领导及数字化专职部门的数字化领导机制	一般项
	33. 由数字化、业务等相关部门共同负责、协调联动，至少在一个主场景建立数字化战略/规划执行活动全要素、全员和全过程的数字化动态跟踪、动态管控和优化机制	一般项
	34. 建立并有序执行业务主场景范围内数据、技术、流程、组织4个要素的数字化管理制度体系，实现对4个要素的有效管理和优化	一般项
	35. 将数字化资金投入纳入相关财务预算，确保资金投入适宜、及时、持续和有效	一般项
	36. 将数据作为关键资源，围绕主营业务数字化、场景化、柔性化运行，建立并有序执行涵盖数据采集、集成共享、开发利用等的数据治理体系	一般项
	37. 设立专职数字化岗位，开展数字化人才的招聘、培养和考核	一般项
	38. 围绕提升主营业务数字化、场景化、柔性化运行的安全可控水平，建立核心数字技术、数字化设备设施、场景级业务系统、数据模型等的场景级安全可控机制	一般项
	39. 建立与主营业务数字化、场景化、柔性化运行相匹配的技术使能的矩阵型组织结构	一般项
	40. 设置与关键业务数字化、场景化、柔性化运行相匹配的场景级数字化职能职责（包括但不限于高层领导，数字化、业务等相关部门共同负责、协调联动，以及岗位/角色等的职能职责）	一般项
	41. 至少在一个主场景，建立人、机、物之间数字化协作体系，并建立执行活动全要素、全员和全过程的动态跟踪、动态管控和优化机制	一般项
	42. 以结果为核心（导向），设置与关键业务数字化、场景化、柔性化运行相匹配的技术使能、机器智能辅助的赋能型柔性管理方式和工作方式	一般项
	43. 建立基于"社会人"假设的，以结果为核心（导向）的企业文化体系，通过数字业务场景建设满足员工多样化发展的需求	一般项

评价域		评估细则	评估项性质
业务创新转型	研发	44. 基于知识模型，实现需求分析、初步设计、最终设计等产品设计业务活动的多样化、个性化动态响应和优化，并且实现各个关键业务活动间的动态协同	研发主场景一般项
		45. 基于知识模型，实现工艺分析、工艺规划等工艺设计业务活动的多样化、个性化动态响应和优化，并且实现各个关键业务活动间的动态协同	研发主场景一般项
		46. 基于知识模型，实现试验计划、试验执行、分析报告等试验验证业务活动的多样化、个性化动态响应和优化，并且实现各个关键业务活动间的动态协同	研发主场景一般项
		47. 基于知识模型，实现产品设计、工艺设计、试验验证等研发等关键业务的多样化、个性化动态响应、动态协调联动和优化	研发主场景关键项
	生产	48. 基于知识模型，实现需求分析、生产排程、计划发布等生产计划业务活动的多样化、个性化动态响应和优化，并且实现各个关键业务活动间的动态协同	生产主场景一般项
		49. 基于知识模型，实现生产进度追踪、质量控制、产品检验等生产执行业务活动的多样化、个性化动态响应和优化，并且实现各个关键业务活动间的动态协同	生产主场景一般项
		50. 基于知识模型，实现工艺规划、工艺审核、工艺变更管理等工艺管理业务活动的多样化、个性化动态响应和优化，并且实现各个关键业务活动间的动态协同	生产主场景一般项
		51. 基于知识模型，实现物料入库、物料出库、物流运输等仓储物流管理业务活动的多样化、个性化动态响应和优化，并且实现各个关键业务活动间的动态协同	生产主场景一般项
		52. 基于知识模型，实现生产计划、生产执行、工艺管理、仓储物流管理等关键业务的多样化、个性化动态响应、动态协调联动和优化	生产主场景关键项
	经营管理	53. 基于知识模型，实现寻源比价、采购交易、成本控制、质量管控、供应商管理等采购业务活动的多样化、个性化动态响应和优化，并且实现各个关键业务活动间的动态协同	经营管理主场景一般项
		54. 基于知识模型，实现客户关系、销售预测、交易、交付等销售活动的多样化、个性化动态响应和优化，并且实现各个关键业务活动间的动态协同	经营管理主场景一般项
		55. 基于知识模型，实现人员招聘、培训、任用、绩效考核等人力资源活动的多样化、个性化动态响应和优化，并且实现各个关键业务活动间的动态协同	经营管理主场景一般项
		56. 基于知识模型，实现财务活动的多样化、个性化动态响应和优化，并且实现各个关键业务活动间的动态协同	经营管理主场景一般项
		57. 基于知识模型，实现设备点检、检修、维护等关键活动的多样化、个性化动态响应和优化，并且实现各个关键业务活动间的动态协同	经营管理主场景一般项
		58. 基于知识模型，实现质量报表、质量结果等质量管理活动的多样化、个性化动态响应和优化，并且实现各个关键业务活动间的动态协同	经营管理主场景一般项

评价域		评估细则	评估项性质
业务创新转型	经营管理	59. 基于知识模型，实现重点耗能单位/重大污染源监控、预警等能源环保管理活动的多样化、个性化动态响应和优化，并且实现各个关键业务活动间的动态协同	经营管理主场景 一般项
		60. 基于知识模型，实现重大危险源监控、预警等安全生产活动的多样化、个性化动态响应和优化，并且实现各个关键业务活动间的动态协同	经营管理主场景 一般项
		61. 基于知识模型，实现项目计划、关键节点控制等项目管理活动的多样化、个性化动态响应和优化，并且实现各个关键业务活动间的动态协同	经营管理主场景 一般项
		62. 基于知识模型，实现销售、采购、库存、生产、财务等关键业务多样化、个性化动态响应、动态协调联动和优化	经营管理主场景 关键项
	用户服务	63. 基于知识模型，实现报价与谈判、合同签订等售前与合同签订服务活动的多样化、个性化动态响应和优化，并且实现各个关键业务活动间的动态协同	用户服务主场景 一般项
		64. 基于知识模型，实现订单执行过程跟踪等服务活动的多样化、个性化动态响应和优化，并且实现各个关键业务活动间的动态协同	用户服务主场景 一般项
		65. 基于知识模型，实现运输配送、交付确认等物流与交付服务活动的多样化、个性化动态响应和优化，并且实现各个关键业务活动间的动态协同	用户服务主场景 一般项
		66. 基于知识模型，实现款项收取、回款确认等回款结算服务活动的多样化、个性化动态响应和优化，并且实现各个关键业务活动间的动态协同	用户服务主场景 一般项
		67. 基于知识模型，实现客户反馈、问题处理等售后服务活动的多样化、个性化动态响应和优化，并且实现各个关键业务活动间的动态协同	用户服务主场景 一般项
		68. 基于知识模型，实现售前与合同签订（订单形成）、生产制造（订单执行）、物流与交付（订单交付）、回款结算（订单完成）、售后服务等服务管理等关键业务多样化、个性化动态响应、动态协调联动和优化	用户服务主场景 关键项
	综合效益	69. 全员劳动生产率至少达到行业先进水平	一般项
		70. 万元产值综合能耗至少达到行业先进水平	一般项

8. 数字化转型成熟度4星级（全企业—数字化集成）

数字化转型成熟度4星级（全企业—数字化集成）的评估项见表4-8，共48项评估细则，其中，关键项12项，一般项36项。

表4-8　数字化转型成熟度4星级（全企业—数字化集成）评估项

评价域	评估细则	评估项性质
发展战略	1. 制定了数字化转型战略，构建了基于全企业数字模型实现全企业范围内业务变革（实现全企业业务的一体化和数字化集成响应）的总体架构和发展蓝图，提出了明确的战略目标、重点任务、实现路径和保障措施	一般项

评价域	评估细则	评估项性质
发展战略	2. 通过建设数字企业，获取企业总成本、效率、质量等竞争优势或领域级的产品领先、运营卓越、用户体验与服务创新等竞争优势的相关部署	一般项
	3. 围绕实现企业全要素、全员和全过程的数据共享和业务数字化综合集成，开展数字企业对应的企业级数字化的业务场景及涵盖的子场景的策划与部署	一般项
	4. 构建和形成基于领域级能力的价值链整合模式，基于领域级能力的赋能作用，提升主营业务活动的集成融合、动态协同和一体化运行水平，实现组织（企业）整体的成本降低、效率提升、质量提高；基于领域级能力提高组织（企业）主营业务领域资源全局柔性（按需）配置和对不确定性的整体响应水平，通过满足用户多样化、定制化需求，扩大价值创造空间	一般项
新型能力	5. 产品创新和研发设计能力：在全企业范围内，能够基于领域级数字模型实现企业产品全生命周期所有研发创新活动全要素、全员或全过程的数字化自动感知、综合分析和集成管理、快速响应和高效执行，并能够实现企业产品全寿命周期内所有研发创新活动全要素、全员或全过程的协同决策和预测预警、联动迭代和优化	一般项
	6. 生产与运营管控能力：在全企业范围内，能够基于领域级数字模型实现企业所在领域的全部主场景内所有生产与经营管理活动全要素、全员或全过程的数字化自动感知、综合分析和集成管理、快速响应和高效执行，并能够实现企业所在领域的全部主场景内所有生产与经营管理活动全要素、全员或全过程的协同决策和预测预警、联动迭代和优化	一般项
	7. 用户服务能力：在全企业范围内，能够基于领域级数字模型实现企业用户服务生命周期所有用户服务活动全要素、全员或全过程的数字化自动感知、综合分析和集成管理、快速响应和高效执行，并能够实现企业用户服务生命周期所有服务活动全要素、全员或全过程的协同决策和预测预警、联动迭代和优化	一般项
	8. 供应链或产业链合作能力：在全企业范围内，能够基于领域级数字模型实现企业所在领域的全部主场景内所有供应链合作活动全要素、全员或全过程的数字化自动感知、综合分析和集成管理、快速响应和高效执行，并能实现企业所在领域的全部主场景内所有供应链合作活动全要素、全员或全过程的协同决策和预测预警、联动迭代和优化	一般项
	9. 人才开发与知识赋能能力：在全企业范围内，能够基于领域级数字模型实现企业所在领域的全部主场景内所有人才开发与知识赋能活动全要素、全员或全过程的数字化自动感知、综合分析和集成管理、快速响应和高效执行，实现企业所在领域的全部主场景内所有人才开发与知识赋能活动全要素、全员或全过程的协同决策和预测预警、联动迭代和优化	一般项
	10. 数据开发能力：在全企业范围内，能够基于领域级数字模型实现企业所在领域的全部主场景内所有数据开发活动全要素、全员或全过程的数字化自动感知、综合分析和集成管理、快速响应和高效执行，实现企业所在领域的全部主场景内所有数据开发活动全要素、全员或全过程的协同决策和预测预警、联动迭代和优化	一般项

续表

评价域	评估细则	评估项性质
系统性解决方案	11. 数字化研发工具普及率不低于40%	一般项
	12. 关键工序数控化率不低于40%	一般项
	13. 构建覆盖全企业的物联网采集系统等，通过数据采集设备设施等，实现全企业范围内所有关键业务活动关键动态数据的自动采集，包括但不限于以下内容： ① 研发板块能够实现产品设计、工艺设计、试验验证等研发过程中产品、研发人员、设备设施、物料、方法、环境等关键动态数据的自动采集； ② 生产板块能够实现生产计划、生产执行、工艺管理、仓储物流等生产制造过程中"人、机、料、法、环"等全要素关键动态数据的自动采集； ③ 管理板块能够实现销售、采购、库存、生产、财务等经营管理过程中人、财、物、质量等关键动态数据的自动采集； ④ 服务板块能够实现售前与合同签订（订单形成）、生产制造（订单执行）、物流与交付（订单交付）、回款结算（订单完成）、售后服务等服务过程中订单、人、财、物等关键动态数据的自动采集	关键项
	14. 实现企业所在领域的全部主场景内全要素、全员或全过程多源异构数据集成与共享	一般项
	15. 在全企业业务范围内（包括但不限于研发、生产、用户服务和经营管理等主营业务板块），建立其所有业务活动相关数据唯一标识、动态共享和一致性维护等标准体系	一般项
	16. 在全企业范围内，构建覆盖资源链全链条关键业务的数字模型，实现关键业务活动的数字化、动态化	资源链关键项
	17. 在全企业范围内，构建覆盖价值链全链条关键业务的数字模型，实现关键业务活动的数字化、动态化	价值链关键项
	18. 在全企业范围内，构建覆盖产品链全链条关键业务的数字模型，实现关键业务活动的数字化、动态化	产品链关键项
	19. 在全企业范围内，构建覆盖资源链全链条关键业务的数字模型，实现关键业务活动的数字化、动态化	资源链关键项
	20. 在全企业范围内，实现所有关键设备设施及其与关联设备设施之间的数据自动感知和综合分析、快速响应和高效执行、协同决策和预测预警、快速迭代和优化	一般项
	21. 在全企业范围内，建立企业级（领域级）统一的IT基础架构，实现IT基础设施的总体设计、动态配置和全局优化	一般项
	22. 在全企业范围内，建立统一的企业级软件架构，实现对所有业务相关软件系统的总体设计、综合集成和优化利用	一般项
	23. 建设应用覆盖企业所在领域的全部主场景所有业务全要素、全员或全过程的企业级网络，实现该企业级网络及相关网络资源的数字化综合集成和全局优化	一般项

评价域	评估细则	评估项性质
系统性解决方案	24. 在全企业范围内，完成与所有业务活动全要素、全员或全过程综合集成和全局优化相关的业务流程优化设计；制定并实施支持实现所有业务流程动态协同与全局优化的企业级（领域级）业务流程文件	一般项
	25. 在全企业范围内，构建企业业务流程一体化管控系统，实现所有业务流程的数字化跟踪、综合集成管控和全局优化	一般项
	26. 在全企业范围内，实现与所有业务活动全要素、全员或全过程综合集成和全局优化相关的流程职责联动调整和协同优化，以及所有相关部门（团队）职责、岗位职责的匹配调整和协调运转；配备具备相应数字专业能力和从业经验的人员	一般项
治理体系	27. 建立以敏捷为核心的数字企业建设意识培养和能力提升机制，确保实现企业级主营业务活动全面集成融合、柔性协同和一体化运行	一般项
	28. 数字化转型成为主要决策者及全企业的主要职能职责，建立以构建数字企业为主要职责，实现企业主要业务活动全面集成融合、柔性协同和一体化运行的数字化领导机制	一般项
	29. 由企业所有相关部门共同负责、协调联动，建立全企业数字化战略/规划执行活动全要素、全员或全过程的数字化跟踪、协同管控和全局优化机制	一般项
	30. 建立并有序执行以架构统筹为核心的知识驱动型的数字化管理制度体系，明确主要业务活动相关的数据、技术、流程和组织4个要素的协同管理和优化的程序和方法，实现对4个要素的动态管理和全局优化	一般项
	31. 设置数字化相关专项预算，确保资金投入适宜、及时、持续和有效	一般项
	32. 基于数据形成知识资产，围绕组织（企业）主要业务活动全面集成融合、柔性协同和一体化运行，建立并有序执行涵盖数据资产管理、知识赋能等的数据治理体系	一般项
	33. 设立数字化岗位和职位序列，纳入人力资源体系，根据关键绩效指标开展数字化人才绩效考核	一般项
	34. 围绕提升企业所在领域的全部主场景内企业级主营业务活动全面集成融合、柔性协同和一体化运行的安全可控水平，建立核心数字技术、数字化设备设施、企业级业务系统、数据模型与数据资产等的领域级（企业级）安全可控机制	一般项
	35. 建立与企业级主营业务活动全面集成融合、柔性协同和一体化运行相匹配的知识驱动的流程型组织结构	一般项
	36. 设置与企业级主营业务活动全面集成融合、柔性协同和一体化运行相匹配的数字化职能职责（包括但不限于主要决策者，企业所有相关部门共同负责、协调联动，全员等的职能职责）	一般项
	37. 在全企业范围内，建立人、机、物之间的数字化协作体系，并建立执行活动全要素、全员或全过程的数字化跟踪、协同管控和全局优化机制	一般项

评价域	评估细则	评估项性质
治理体系	38. 以敏捷为核心，设置与全企业主要业务活动全面集成融合、柔性协同和一体化运行相匹配的知识驱动、人机交互的赋能型敏捷型管理方式和工作方式，能够进行覆盖组织（企业）全局的协同计划、组织、协调、控制、指挥等管理活动	一般项
	39. 建立并有序执行基于"知识人"假设的，以敏捷为核心的数字化组织文化体系，通过数字组织（企业）建设满足员工知识创造的需求	一般项
业务创新转型	40. 基于数字模型，实现产品设计、工艺设计、试验验证等研发活动的数字化集成运行，并且基于全企业研发相关动态数据共享，实现各个关键研发活动的数字化集成响应和决策优化	关键项
	41. 基于数字模型，实现生产计划、生产执行、工艺管理、仓储物流等生产活动的数字化集成运行，并且基于全企业生产相关动态数据共享，实现各个关键生产活动的数字化集成响应和决策优化	关键项
	42. 基于数字模型，实现销售、采购、库存、生产、财务等管理活动的数字化集成运行，并且基于全企业管理相关动态数据共享，实现各个关键管理活动的数字化集成响应和决策优化	关键项
	43. 基于数字模型，实现售前与合同签订（订单形成）、生产制造（订单执行）、物流与交付（订单交付）、回款结算（订单完成）、售后服务等服务活动的数字化集成运行，并且基于全企业服务相关数据动态共享，实现各个关键服务活动的数字化集成响应和决策优化	关键项
	44. 基于覆盖资源链全链条关键业务的数字模型，以资源计划管理为切入点，实现对人、财、物等资源的动态管理，以及研发、生产、管理、服务业务运行过程中资源的全局动态优化配置和关键业务数字化集成响应	资源链关键项
	45. 基于覆盖价值链全链条关键业务的数字模型，以订单为切入点，实现从线索到签单、采购、研发、生产制造、物流与交付、服务等内外部供应链全过程动态跟踪和数字化集成响应	价值链关键项
	46. 基于覆盖产品链全链条关键业务的数字模型，以产品为切入点，实现需求定义、产品设计、工艺设计、生产制造、产品交付、售后服务等产品寿命周期全过程动态跟踪和数字化集成响应	产品链关键项
	47. 全员劳动生产率至少达到行业先进水平	一般项
	48. 万元产值综合能耗至少达到行业先进水平	一般项

9. 数字化转型成熟度 5 星级（主场景—智能自主）

数字化转型成熟度 5 星级(主场景—智能自主)的评估项见表 4-9，共 70 项评估细则，其中，关键项 12 项，一般项 58 项。

表4-9　数字化转型成熟度5星级（主场景—智能自主）评估项

评价域	评估细则	评估项性质
发展战略	1. 制定了数字化转型战略，构建了基于主场景智能模型实现主营业务活动板块业务变革（实现业务的智能化、多样性、个性化以应对不确定性）的总体架构和发展蓝图，提出明确的战略目标、重点任务、实现路径和保障措施	一般项
	2. 在主场景业务范围内，构建和形成基于业务创新的成本、效率、质量等一个或多个方面的竞争优势的相关部署	一般项
	3. 围绕至少在一个主营业务活动板块实现基于场景级智能模型的全要素、全员和全过程业务和能力的自学习优化和智能自主，开展相应的主场景及其涵盖的子场景的策划与部署	一般项
	4. 构建和形成基于场景级能力的价值点复用模式，基于场景级能力赋能，降低业务活动的专业门槛，提高业务活动的水平成效，扩大业务活动的参与范围，通过场景级能力的重复使用，实现业务成本降低、效率提升、质量提高，基于场景级能力提升对不确定性的柔性响应水平，通过满足业务主场景相关业务活动的多样化需求，扩大价值创造空间	一般项
新型能力	5. 产品创新和研发设计能力：至少在研发主场景，能够基于场景级智能模型实现所有研发设计活动全要素、全员和全过程的智能按需感知、智能分析、按需响应和智能自主执行，以及智能自主决策和预测预警、智能自主迭代和自学习优化	一般项
	6. 生产与运营管控能力：至少在生产或经营管理主场景，能够基于场景级智能模型实现所有生产或经营管理活动全要素、全员和全过程的智能按需感知、智能分析、按需响应和智能自主执行，以及智能自主决策和预测预警、智能自主迭代和自学习优化	一般项
	7. 用户服务能力：至少在服务主场景，能够基于场景级智能模型实现所有用户服务活动全要素、全员和全过程的智能感知、智能分析、按需响应和智能自主执行，以及智能自主决策和预测预警、智能自主迭代和自学习优化	一般项
	8. 供应链或产业链合作能力：至少在生产、服务或经营管理等一个主场景，能够基于场景级智能模型实现所有供应链合作活动全要素、全员和全过程的智能感知、智能分析、按需响应和智能自主执行，以及智能自主决策和预测预警、智能自主迭代和自学习优化	一般项
系统性解决方案	9. 数字化研发工具普及率不低于50%	一般项
	10. 关键工序数控化率不低于50%	一般项
	11. 在研发主场景，通过数据采集设备设施等，能够实现产品设计、工艺设计、试验验证等研发过程中，产品、研发人员、设备设施、物料、方法、环境等主要动态数据的按需自主采集	研发主场景关键项
	12. 在生产主场景，通过数据采集设备设施等，能够实现生产计划、生产执行、工艺管理、仓储物流等生产制造过程中"人、机、料、法、环"等全要素主要动态数据的按需自主采集	生产主场景关键项

续表

评价域	评估细则	评估项性质
系统性解决方案	13. 在服务主场景，通过数据采集设备设施等，能够实现售前与合同签订（订单形成）、生产制造（订单执行）、物流与交付（订单交付）、回款结算（订单完成）、售后服务等服务过程中，订单、人、财、物等主要动态数据的按需自主采集	服务主场景关键项
	14. 在经营管理主场景，通过数据采集设备设施等，能够实现销售、采购、库存、生产、财务等经营管理过程中人、财、物、质量等主要动态数据的按需自主采集	经营管理主场景关键项
	15. 至少在一个主场景，实现其全要素、全员和全过程多源异构数据的智能按需集成与共享	一般项
	16. 至少在一个主场景，建立其所有业务活动相关数据唯一标识、动态共享和关联维护等标准体系	一般项
	17. 在研发主场景，构建覆盖全部主要业务的智能模型，实现主要业务相关能力的模型化及其智能自主运行、协作和自学习优化	研发主场景关键项
	18. 在生产主场景，构建覆盖全部主要业务的智能模型，实现主要业务相关力的模型化及其智能自主运行、协作和自学习优化	生产主场景关键项
	19. 在服务主场景，构建覆盖全部主要业务的智能模型，实现主要业务相关力的模型化及其智能自主运行、协作和自学习优化	服务主场景关键项
	20. 在经营管理主场景，构建覆盖全部主要业务的智能模型，实现主要业务相关能力的模型化及其智能自主运行、协作和自学习优化	经营管理主场景关键项
	21. 至少在一个主场景，基于场景级设备设施智能模型，实现所有关键设备设施及其与关联设备设施之间的数据智能感知与分析、按需响应与智能执行、智能自主决策与预测预警、智能自主迭代与自学习优化	一般项
	22. 至少在一个主场景，实现信息基础设施及与其他基础设施、业务系统等的综合集成和动态优化利用	一般项
	23. 在研发主场景，构建微服务化、可自主配置的场景级智能软件系统，实现所有研发业务相关软件系统的智能按需配置和自学习优化	一般项
	24. 在生产主场景，构建微服务化、可自主配置的场景级智能软件系统，实现所有生产业务相关软件系统的智能按需配置和自学习优化	一般项
	25. 在服务主场景，构建微服务化、可自主配置的场景级智能软件系统，实现所有服务业务相关软件系统的智能按需配置和自学习优化	一般项
	26. 在经营管理主场景，构建微服务化、可自主配置的场景级智能软件系统，实现所有经营管理业务相关软件系统的智能按需配置和自学习优化	一般项
	27. 至少在一个主场景，建设应用覆盖其全要素、全员和全过程的场景级网络，基于智能模型实现该场景级网络及相关网络资源的智能按需互联和自学习优化	一般项

评价域	评估细则	评估项性质
系统性解决方案	28. 至少在一个主场景，构建场景级业务流程智能模型，实现业务流程端到端智能设计和自学习优化制定并实施覆盖所有关键业务流程动态协同与优化的场景级业务流程文件	一般项
	29. 至少在一个主场景，基于场景级智能模型实现所有业务流程自适应运行、智能协同和自学习优化	一般项
	30. 至少在一个主场景，实现端到端流程职责的智能协同调整和学习优化，以及相关部门（团队）职责、岗位职责的智能按需匹配调整和自适应协调运转配备具备相应数字专业能力和从业经验的人员，并通过人机智能融合实现相关人员与岗位之间的智能按需匹配	一般项
治理体系	31. 建立以结果为核心的数字化的业务场景建设意识培养和能力提升机制，确保实现研发、生产、用户服务或经营管理主营业务数字化、场景化和柔性化运行	一般项
	32. 数字化业务场景建设和关键业务数字化、场景化、柔性化（多样化、个性化）运行成为战略规划的重要组成部分，建立涵盖高层分管领导及数字化专职部门的数字化领导机制	一般项
	33. 由数字化、业务等相关部门共同负责、协调联动，至少在一个主场景，建立数字化战略/规划执行活动全要素、全员和全过程的智能协同和自学习优化机制	一般项
	34. 建立并有序执行业务主场景范围内数据、技术、流程、组织4个要素的数字化管理制度体系，实现对4个要素的有效管理和优化	一般项
	35. 将数字化资金投入纳入相关财务预算，确保资金投入适宜、及时、持续和有效	一般项
	36. 将数据作为关键资源，围绕主营业务数字化、场景化、柔性化运行，建立并有序执行涵盖数据采集、集成共享、开发利用等的数据治理体系	一般项
	37. 设立专职数字化岗位，开展数字化人才的招聘、培养和考核	一般项
	38. 围绕提升主营业务数字化、场景化、柔性化运行的安全可控水平，建立核心数字技术、数字化设备设施、场景级业务系统、数据模型等的场景级安全可控机制	一般项
	39. 建立与主营业务数字化、场景化、柔性化运行相匹配的技术使能的矩阵型组织结构	一般项
	40. 设置与关键业务数字化、场景化、柔性化运行相匹配的场景级数字化职能职责（包括但不限于高层领导，数字化、业务等相关部门共同负责、协调联动以及岗位/角色等的职能职责）	一般项
	41. 至少在一个主场景，建立人、机、物之间的数字化协作体系，并建立执行活动全要素、全员和全过程的智能协同和自学习优化机制	一般项

评价域		评估细则	评估项性质
治理体系		42. 以结果为核心（导向），设置与关键业务数字化、场景化、柔性化运行相匹配的技术使能、机器智能辅助的赋能型柔性管理方式和工作方式	一般项
		43. 建立基于"社会人"假设的以结果为核心（导向）的企业文化体系，通过数字业务场景建设满足员工多样化发展的需求	一般项
业务创新转型	研发	44. 基于智能模型实现需求分析、初步设计、最终设计等产品设计业务活动智能自主运行和自学习优化，并且实现各个关键研发活动间的智能自主协作	一般项
		45. 基于智能模型实现工艺分析、工艺规划等工艺设计业务活动智能自主运行和自学习优化，并且实现各个关键研发活动间的智能自主协作	一般项
		46. 基于智能模型实现试验计划、试验执行、分析报告等试验验证业务活动智能自主运行和自学习优化，并且实现各个关键研发活动间的智能自主协作	一般项
		47. 基于智能模型实现产品设计、工艺设计、试验验证等研发主要业务的智能自主运行、协作以及学习进化	研发主场景关键项
	生产	48. 基于智能模型实现需求分析、生产排程、计划发布等生产计划业务活动智能自主运行和自学习优化，并且实现各个关键研发活动间的智能自主协作	一般项
		49. 基于智能模型实现生产进度追踪、质量控制、产品检验等生产执行业务活动智能自主运行和自学习优化，并且实现各个关键研发活动间的智能自主协作	一般项
		50. 基于智能模型实现工艺规划、工艺审核、工艺变更管理等工艺管理业务活动智能自主运行和自学习优化，并且实现各个关键研发活动间的智能自主协作	一般项
		51. 基于智能模型实现物料入库、物料出库、物流运输等仓储物流管理业务活动智能自主运行和自学习优化，并且实现各个关键研发活动间的智能自主协作	一般项
		52. 基于智能模型实现生产计划、生产执行、工艺管理、仓储物流管理等生产管理主要业务的智能自主运行、协作以及学习进化	生产主场景关键项
	经营管理	53. 基于智能模型实现寻源比价、采购交易、成本控制、质量管控、供应商管理等采购活动智能自主运行和自学习优化，并且实现各个关键研发活动间的智能自主协作	一般项
		54. 基于智能模型实现客户关系、销售预测、交易、交付等销售活动智能自主运行和自学习优化，并且实现各个关键研发活动间的智能自主协作	一般项
		55. 基于智能模型实现人员招聘、培训、任用、绩效考核等人力资源活动智能自主运行和自学习优化，并且实现各个关键研发活动间的智能自主协作	一般项
		56. 基于智能模型实现财务活动智能自主运行和自学习优化，并且实现各个关键研发活动间的智能自主协作	一般项

评价域		评估细则	评估项性质
业务创新转型	经营管理	57. 基于智能模型实现设备点检、检修、维护等关键活动智能自主运行和自学习优化，并且实现各个关键研发活动间的智能自主协作	一般项
		58. 基于智能模型实现质量报表、质量结果等智能自主协作	一般项
		59. 基于智能模型实现重点耗能单位/重大污染源智能自主运行和自学习优化，并且实现各个关键研发活动间的智能自主协作	一般项
		60. 基于智能模型实现重大危险源监控、预警等安全生产活动智能自主运行和自学习优化，并且实现各个关键研发活动间的智能自主协作	一般项
		61. 基于智能模型实现项目计划、关键节点控制等项目活动智能自主运行和自学习优化，并且实现各个关键研发活动间的智能自主协作	一般项
		62. 基于智能模型实现销售、采购、库存、生产、财务等主要业务的智能自主运行、协作以及学习进化	经营管理主场景关键项
	用户服务	63. 基于智能模型实现报价与谈判、合同签订等售前与合同签订服务智能自主运行和自学习优化，并且实现各个关键研发活动间的智能自主协作	一般项
		64. 基于智能模型实现订单执行跟踪服务智能自主运行和自学习优化，并且实现各个关键研发活动间的智能自主协作	一般项
		65. 基于智能模型实现运输配送、交付确认等物流与交付服务智能自主运行和自学习优化，并且实现各个关键研发活动间的智能自主协作	一般项
		66. 基于智能模型实现款项收取、回款确认等回款结算服务智能自主运行和自学习优化，并且实现各个关键研发活动间的智能自主协作	一般项
		67. 基于智能模型实现客户反馈、问题处理等售后服务智能自主运行和自学习优化，并且实现各个关键研发活动间的智能自主协作	一般项
		68. 基于智能模型实现售前与合同签订（订单形成）、生产制造（订单执行）、物流与交付（订单交付）、回款结算（订单完成）、售后服务等服务管理主要业务的智能自主运行、协作以及学习进化	服务主场景关键项
	综合效益	69. 全员劳动生产率达到行业领先水平	一般项
		70. 万元产值综合能耗达到行业领先水平	一般项

10. 数字化转型成熟度 5 星级（全企业—知识协同）

数字化转型成熟度 5 星级（全企业—知识协同）的评估项见表 4-10，共 47 项评估细则，其中，关键项 11 项，一般项 36 项。

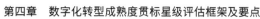

表4-10　数字化转型成熟度5星级（全企业—知识协同）评估项

评价域	评估细则	评估项性质
发展战略	1. 制定了数字化转型战略，构建了基于全企业知识模型实现全企业范围内业务变革（实现全企业业务的一体化敏捷响应、多样性、个性化以应对不确定性）的总体架构和发展蓝图，提出明确的战略目标、重点任务、实现路径和保障措施	一般项
	2. 通过数字企业建设获取企业总体成本、效率、质量等竞争优势或领域级的产品领先、运营卓越、用户体验与服务创新等竞争优势的相关部署	一般项
	3. 围绕领域级知识模型实现企业全要素、全员和全过程的数据动态共享和业务协同优化，开展了数字企业对应的企业级数字化业务场景及其涵盖的子场景的策划与部署	一般项
	4. 构建和形成基于领域级能力的价值链整合模式，基于领域级能力的赋能作用，提升主营业务活动的集成融合、动态协同和一体化运行水平，获取组织整体的成本降低、效率提升、质量提高等价值效益。基于领域级能力提高组织主营业务领域资源全局柔性（按需）配置和对不确定性的整体响应水平，通过满足用户多样化、定制化需求扩大价值创造空间	一般项
新型能力	5. 产品创新和研发设计能力：在全企业范围内，基于领域级知识模型，实现企业产品全生命周期所有研发创新活动全要素、全员和全过程的动态感知和动态分析，动态协同响应和柔性精准执行，模型推理型动态决策和预测预警、动态迭代和协同优化	一般项
	6. 生产与运营管控能力：在全企业范围内，能够基于领域级知识模型，实现企业所在领域的全部主场景内所有生产与经营管理活动全要素、全员和全过程的动态感知和动态分析，动态协同响应和柔性精准执行，模型推理型动态决策和预测预警、动态迭代和协同优化	一般项
	7. 用户服务能力：在全企业范围内，能够基于领域级知识模型，实现企业用户服务生命周期所有服务活动全要素、全员和全过程的动态感知和动态分析，动态协同响应和柔性精准执行，模型推理型动态决策和预测预警、动态迭代和协同优化	一般项
	8. 供应链或产业链合作能力：在全企业范围内，能够基于领域级知识模型，实现企业所在领域的全部主场景内所有供应链或产业链合作活动全要素、全员和全过程的动态感知和动态分析，动态协同响应和柔性精准执行，模型推理型动态决策和预测预警、动态迭代和协同优化	一般项
	9. 人才开发与知识赋能能力：在全企业范围内，能够基于领域级知识模型实现企业所在领域的全部主场景内所有人才开发与知识赋能活动全要素、全员和全过程的动态感知和动态分析，动态协同响应和柔性精准执行，模型推理型动态决策和预测预警、动态迭代和协同优化	一般项
	10. 数据开发能力：在全企业范围内，能够基于领域级知识模型，实现企业所在领域的全部主场景内所有数据开发活动全要素、全员和全过程的动态感知和动态分析，动态协同响应和柔性精准执行，模型推理型动态决策和预测预警、动态迭代和协同优化	一般项

评价域	评估细则	评估项性质
	11. 数字化研发工具普及率不低于 50%	一般项
	12. 关键工序数控化率不低于 50%	一般项
	13. 构建覆盖全企业的物联网采集系统等，实现全企业范围内所有关键业务活动主要动态数据自动采集，包括但不限于以下内容： ① 研发板块能够实现产品设计、工艺设计、试验验证等研发过程中产品、研发人员、设备设施、物料、方法、环境等主要动态数据自动采集； ② 生产板块能够实现生产计划、生产执行、工艺管理、仓储物流等生产制造过程中"人、机、料、法、环"等全要素主要动态数据的自动采集； ③ 管理板块能够实现销售、采购、库存、生产、财务等经营管理过程中人、财、物、质量等主要动态数据的自动采集； ④ 服务板块能够实现售前与合同签订（订单形成）、生产制造（订单执行）、物流与交付（订单交付）、回款结算（订单完成）、售后服务等服务过程中订单、人、财、物等主要动态数据的自动采集	关键项
	14. 实现企业所在领域的全部主场景内全要素、全员和全过程多源异构数据的动态集成与共享	一般项
	15. 在全企业业务范围内（包括但不限于研发、生产、用户服务和经营管理等主营业务板块），建立其所有业务活动相关数据唯一标识、动态共享和一致性维护等标准体系	一般项
系统性 解决方案	16. 在全企业范围内，构建覆盖资源链全部主要业务的知识模型，实现知识经验和技能的数字化、工具化和个性化共享，并实现知识模型间的动态协同运行	资源链 关键项
	17. 在全企业范围内，构建覆盖价值链全部主要业务的知识模型，实现知识经验和技能的数字化、工具化和个性化共享，并实现知识模型间的动态协同运行	价值链 关键项
	18. 在全企业范围内，构建覆盖产品链全部主要业务的知识模型，实现知识经验和技能的数字化、工具化和个性化共享，并实现知识模型间的动态协同运行	产品链 关键项
	19. 在企业所在领域的全部主场景内，实现所有设备设施及其与关联设备设施之间的模型推理型动态感知和动态关联分析、动态协同响应和柔性精准执行、动态决策和预测预警、动态迭代和协同优化	一般项
	20. 在全企业范围内，建立了企业级（领域级）统一的 IT 基础架构，实现 IT 基础设施的总体设计、动态配置和全局优化	一般项
	21. 在全企业范围内，构建分布式、可扩展的弹性企业级软件架构，实现所有业务相关软件系统的动态集成和动态优化利用	一般项
	22. 建设了覆盖企业所在领域的全部主场景所有业务全要素、全员和全过程的企业级网络，基于知识模型实现该企业级网络及相关网络资源的动态互联、动态配置和动态全局优化	一般项
	23. 在全企业范围内，构建覆盖其所有业务活动的领域级业务流程知识模型，实现企业级业务流程端到端动态设计和协同优化制定并实施支持实现所有业务流程动态协同与全局优化的企业级（领域级）业务流程文件	一般项

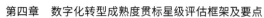

评价域	评估细则	评估项性质
系统性 解决方案	24. 在全企业范围内，构建企业业务流程一体化动态管控系统，基于领域级知识模型实现企业级业务流程端到端数字化动态跟踪、动态管控和协同优化	一般项
	25. 在全企业范围内，实现端到端流程职责的动态协同调整和协同优化，以及相关部门（团队）职责、岗位职责的动态匹配调整和协调运转配备具备相应数字专业能力和从业经验的人员，并通过人机动态交互实现相关人员与岗位之间的动态匹配	一般项
治理体系	26. 建立以敏捷为核心的数字企业建设意识培养和能力提升机制，确保实现企业级主营业务活动全面集成融合、柔性协同和一体化运行	一般项
	27. 数字化转型成为主要决策者及全企业的主要职能职责，建立以构建数字企业为主要职责，实现企业主要业务活动全面集成融合、柔性协同和一体化运行的数字化领导机制	一般项
	28. 由企业所有相关部门共同负责、协调联动，建立全企业数字化战略／规划执行活动全要素、全员和全过程的动态协同和动态全局优化机制	一般项
	29. 建立并有序执行以架构统筹为核心的知识驱动型的数字化管理制度体系，明确主要业务活动相关的数据、技术、流程和组织 4 个要素的协同管理和优化的程序和方法，实现 4 个要素的动态管理和全局优化	一般项
	30. 设置数字化相关专项预算，确保资金投入适宜、及时、持续和有效	一般项
	31. 基于数据形成知识资产，围绕组织（企业）主要业务活动全面集成融合、柔性协同和一体化运行，建立并有序执行涵盖数据资产管理、知识赋能等数据治理体系	一般项
	32. 设立数字化岗位和职位序列，纳入人力资源体系，根据关键绩效指标开展数字化人才绩效考核	一般项
	33. 围绕提升企业所在领域的全部主场景内企业级主营业务活动全面集成融合、柔性协同和一体化运行的安全可控水平，建立核心数字技术、数字化设备设施、企业级业务系统、数据模型与数据资产等领域级（企业级）安全可控机制	一般项
	34. 建立与企业级主营业务活动全面集成融合、柔性协同和一体化运行相匹配的知识驱动的流程型组织结构	一般项
	35. 设置与企业级主营业务活动全面集成融合、柔性协同和一体化运行相匹配的数字化职能职责（包括但不限于主要决策者、企业所有相关部门共同负责、协调联动，全体员工等的职能职责）	一般项
	36. 在全企业范围内，建立人、机、物之间数字化协作体系，并建立执行活动全要素、全员和全过程的动态协同和动态全局优化机制	一般项
	37. 以敏捷为核心，设置与全企业主要业务活动全面集成融合、柔性协同和一体化运行相匹配的知识驱动、人机交互的赋能型敏捷型管理方式和工作方式，能够进行覆盖组织（企业）全局的协同计划、组织、协调、控制、指挥等管理活动	一般项

评价域	评估细则	评估项性质
治理体系	38. 建立并有序执行基于"知识人"假设的以敏捷为核心的数字化组织文化体系，通过数字组织（企业）建设满足员工知识创造的需求	一般项
业务创新转型	39. 基于知识模型，通过全企业研发相关知识经验和技能赋能，实现产品设计、工艺设计、试验验证等研发活动的多样化、个性化动态响应和优化，并且实现各个关键研发活动间的动态协同	关键项
	40. 基于知识模型，通过全企业生产相关知识经验和技能赋能，实现生产计划、生产执行、工艺管理、仓储物流等生产活动的多样化、个性化动态响应和优化，并且实现各个关键生产活动间的动态协同	关键项
	41. 基于知识模型，通过全企业管理相关知识经验和技能赋能，实现销售、采购、库存、生产、财务等管理活动的多样化、个性化动态响应和优化，并且实现各个关键管理活动间的动态协同	关键项
	42. 基于知识模型，通过全企业服务相关知识经验和技能赋能，实现售前与合同签订（订单形成）、生产制造（订单执行）、物流与交付（订单交付）、回款结算（订单完成）、售后服务等服务活动的多样化、个性化动态响应和优化，并且实现各个关键服务活动间的动态协同	关键项
	43. 基于覆盖资源链全链条主要业务的知识模型，以资源全局动态统筹为切入点，实现人、财、物等资源全局动态管理以及研发、生产、管理、服务业务运行过程中资源的全局动态响应和关键业务的多样化、个性化协调联动和优化	资源链关键项
	44. 基于覆盖价值链全链条主要业务的知识模型，以订单为切入点，实现从线索到签单、采购、研发、生产制造、物流与交付、服务等内外部供应链全过程多样化、个性化动态响应、动态协调联动和优化	价值链关键项
	45. 基于覆盖产品链全链条主要业务的知识模型，以产品为切入点，实现需求定义、产品设计、工艺设计、生产制造、产品交付、售后服务等产品寿命周期全过程多样化、个性化动态响应、动态协调联动和优化	产品链关键项
	46. 全员劳动生产率达到行业领先水平	一般项
	47. 万元产值综合能耗达到行业领先水平	一般项

11. 数字化转型成熟度 5 星级 [跨企业（平台用户群）—数字化集成]

数字化转型成熟度 5 星级 [跨企业（平台用户群）—知识协同] 的评估项见表 4–11，共 51 项评估细则，其中，关键项 10 项，一般项 41 项。

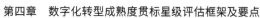

表4-11　数字化转型成熟度5星级[跨企业（平台用户群）—数字化集成]评估项

评价域	评估细则	评估项性质
发展战略	1. 制定了覆盖平台用户群的数字化转型战略，构建了基于平台服务数字模型实现平台化、社会化商业模式变革（实现平台用户群资源社会化动态优化配置和多样化、个性化集成响应）的总体架构和发展蓝图，提出明确的战略目标、重点任务、实现路径和保障措施	一般项
	2. 通过平台型企业建设获取数据驱动的个性化产品快速迭代、平台化运营、个性化用户体验与服务等竞争合作优势的相关部署	一般项
	3. 围绕平台级数字模型，形成以服务广大平台用户为主的平台化社会化资源服务模式，实现社会资源的大范围数字化集成和动态优化配置，开展了平台型企业对应的平台级数字化的业务场景及其涵盖的子场景的策划与部署	一般项
	4. 构建和形成基于平台级能力的价值网络多样化创新模式，基于平台级能力的赋能作用，提升企业（平台用户群）的网络化协同和社会化协作创新发展水平，获取价值链或产业链整体成本降低、效率提高、产品和服务创新、用户连接与赋能等价值效益；基于平台级能力提高价值链或产业链资源全局动态配置和对不确定性的整体响应水平，通过满足用户个性化、全周期、全维度需求，扩大价值创造空间	一般项
	5. 在平台企业与合作伙伴之间，按照"合伙人"假设，按价值贡献进行价值分配（"合伙人"平台分享模式）	一般项
新型能力	6. 产品创新和研发设计能力：在平台用户群范围内，能够基于平台级数字模型，实现所有平台用户研发创新活动全要素、全员或全过程的在线动态感知和协同分析、在线联动响应和执行、在线协同决策和预测预警、在线联动迭代和优化	一般项
	7. 生产与运营管控能力：在平台用户群范围内，能够基于平台级数字模型，实现所有平台用户生产与运营管控活动全要素、全员或全过程的在线动态感知和协同分析、在线联动响应和执行、在线协同决策和预测预警、在线联动迭代和优化	一般项
	8. 用户服务能力：在平台用户群范围内，能够基于平台级数字模型，实现所有平台用户的服务活动全要素、全员或全过程的在线动态感知和协同分析、在线联动响应和执行、在线协同决策和预测预警、在线联动迭代和优化	一般项
	9. 供应链或产业链合作能力：在平台用户群范围内，能够基于平台级数字模型，实现所有平台用户供应链或产业链合作活动全要素、全员或全过程的在线动态感知和协同分析、在线联动响应和执行、在线协同决策和预测预警、在线联动迭代和优化	一般项
	10. 人才开发与知识赋能能力：在平台用户群范围内，能够基于平台级数字模型，实现所有平台用户的人才开发与知识赋能活动全要素、全员或全过程的在线动态感知和协同分析、在线联动响应和执行、在线协同决策和预测预警、在线联动迭代和优化	一般项

评价域	评估细则	评估项性质
新型能力	11. 数据开发能力：在平台用户群范围内，能够基于平台级数字模型，实现所有平台用户的数据开发活动全要素、全员或全过程的在线动态感知和协同分析、在线联动响应和执行、在线协同决策和预测预警、在线联动迭代和优化	一般项
系统性解决方案	12. 数字化研发工具普及率不低于50%	一般项
	13. 关键工序数控化率不低于50%	一般项
	14. 在全企业范围内所有关键业务活动实现关键动态数据自动采集，包括但不限于以下内容： ① 研发板块能够实现产品设计、工艺设计、试验验证等研发过程中产品、研发人员、设备设施、物料、方法、环境等关键动态数据自动采集； ② 生产板块能够实现生产计划、生产执行、工艺管理、仓储物流等生产制造过程中"人、机、料、法、环"等全要素关键动态数据的自动采集； ③ 管理板块能够实现销售、采购、库存、生产、财务等经营管理过程中人、财、物、质量等关键动态数据的自动采集； ④ 服务板块能够实现售前与合同签订（订单形成）、生产制造（订单执行）、物流与交付（订单交付）、回款结算（订单完成）、售后服务等服务过程中订单、人、财、物等关键动态数据的自动采集	关键项
	15. 实现平台用户群主体（平台、用户、合作伙伴等）、客体（需求、供给服务等价值活动）、空间（技术手段工具、资源条件和环境等）等关键动态数据的自动采集和在线汇聚	关键项
	16. 基于平台用户数据共享体系，实现所有平台用户业务协同相关多源异构数据的集成与共享	一般项
	17. 建立所有平台用户网络化、平台化、社会化业务活动相关数据唯一标识、在线动态交换和一致性维护等标准体系	一般项
	18. 在平台用户群范围内，构建平台服务数字模型，实现以服务广大平台用户为主的平台化社会化商业模式创新	关键项
	19. 通过设备设施上云上平台，实现所有平台用户设备设施的互联互通和协同优化控制	一般项
	20. 建立了覆盖所有平台用户的平台级IT基础架构，实现信息基础设施的网络化、平台化、社会化动态配置和协同优化	一般项
	21. 实现与平台化社会化赋能服务以及所有平台用户业务协同相关软件系统的数字化综合集成和优化利用	一般项
	22. 建设应用覆盖所有平台用户的企业内外网，实现企业内外网及相关网络资源的社会化数字化集成和动态优化配置	一般项
	23. 建设应用覆盖所有平台用户的平台级云平台，支持实现平台化社会化信息、知识或能力的在线共享和动态优化配置	一般项

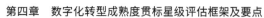

评价域	评估细则	评估项性质
系统性 解决方案	24. 构建平台级业务流程模型，实现平台用户业务协同相关的流程协同设计和优化；制定并实施支持平台用户业务流程网络化、平台化、社会化动态协同与优化的平台级业务流程文件	一般项
	25. 构建社会化业务流程综合集成管控平台，实现所有平台用户业务协同相关流程的协同管控和优化	一般项
	26. 基于平台实现所有平台用户业务网络化、平台化、社会化集成相关的端到端流程职责的数字化集成和优化，以及相关部门（团队）职能、岗位职责的协同调整和运转；配备具备相应数字专业能力和从业经验的人员	一般项
治理体系	27. 建立以开放为核心的平台企业建设意识培养和能力提升机制，确保实现网络化、平台化、社会化业务模式创新和对外赋能服务	一般项
	28. 平台化发展成为主要决策者、组织全员及合作伙伴的主要职能职责，构建企业（平台用户群），实现网络化、平台化、社会化业务模式创新，以及以对外赋能服务为主要职责的数字化协同领导机制	一般项
	29. 由企业所有相关部门共同负责、协调联动，平台合作伙伴深度参与，建立平台化社会化数字化战略 / 规划执行活动的全要素、全员或全过程的数字化跟踪、协同管控和优化机制	一般项
	30. 应用平台架构方法构建数据驱动型的平台组织（企业）网络化、平台化管理制度体系，实现数据、技术、流程和组织 4 个要素的平台化社会化动态协同和互动创新	一般项
	31. 设置平台级数字化转型专项预算，成为组织预算投入的核心组成部分	一般项
	32. 将数据作为驱动要素，围绕网络化、平台化、社会化业务模式创新，以及对外赋能服务，建立并有序执行涵盖数据开放共享、协同开发利用等数据治理体系	一般项
	33. 制定并实施平台化数字人才队伍建设规划，形成按价值和贡献分配的平台化社会化的数字人才选拔、任用、考核、薪酬和晋升激励机制	一般项
	34. 围绕提升网络化、平台化、社会化业务模式创新，以及对外赋能服务的安全可控水平，建立核心数据、技术、网络、平台等平台级安全可控机制	一般项
	35. 建立与网络化、平台化、社会化业务模式创新，以及对外赋能服务相匹配的数据驱动的平台型组织结构	一般项
	36. 设置与网络化、平台化、社会化业务模式创新，以及对外赋能服务相匹配的平台化职能职责（包括但不限于主要决策者，企业所有相关部门共同负责、协调联动，以及平台合作伙伴等职能职责）	一般项
	37. 在平台企业与合作伙伴之间，建立人、机、物之间平台化社会化数字化协作体系，并建立执行活动全要素、全员或全过程的数字化跟踪、协同管控和优化机制	一般项

评价域	评估细则	评估项性质
治理体系	38. 以开放为核心，设置与网络化、平台化、社会化业务模式创新，以及平台化社会化赋能服务相匹配的数据驱动、平台赋能的在线协同管理方式和工作方式	一般项
	39. 建立并有序执行基于"合伙人"假设的，以开放为核心的数字化组织文化体系，通过平台企业建设满足员工创新创业的需求	一般项
业务创新转型	40. 基于平台级数字模型，实现所有平台用户的研发创新相关活动全要素、全员或全过程的数字化综合集成和协同优化	关键项
	41. 基于平台级数字模型，实现所有平台用户生产相关活动全要素、全员或全过程的数字化综合集成和协同优化	关键项
	42. 基于平台级数字模型，实现所有平台用户的经营管理相关活动全要素、全员或全过程的数字化综合集成和协同优化	关键项
	43. 基于平台级数字模型，实现所有平台用户的服务相关活动全要素、全员或全过程的数字化综合集成和协同优化	关键项
	44. 基于覆盖资源链全链条关键业务的平台级数字模型，以资源计划管理为切入点，实现平台用户群范围内人、财、物等资源动态管理，以及研发、生产、管理、服务业务运行过程中资源的全局动态优化配置和关键业务数字化集成响应	一般项
	45. 基于覆盖价值链全链条关键业务的平台级数字模型，以订单为切入点，实现从线索到签单、采购、研发、生产制造、物流与交付、服务等内外部供应链全过程动态跟踪和数字化集成响应	一般项
	46. 基于覆盖产品链全链条的平台级数字模型，以产品为切入点，实现平台及平台用户群范围内需求定义、产品设计、工艺设计、生产制造、产品交付、售后服务等产品寿命周期全过程动态跟踪和数字化集成响应	一般项
	47. 在平台及用户群范围内，基于平台服务数字模型，实现以服务广大平台用户为主的平台化社会化商业模式，实现制造资源的网络化、社会化集成响应	网络化协同关键项
	48. 在平台及用户群范围内，基于平台服务数字模型，实现以服务广大平台用户为主的平台化社会化商业模式，围绕产品全生命周期提供延伸服务，围绕价值链提供衍生服务、增值服务	服务化延伸关键项
	49. 在平台及用户群范围内，基于平台服务数字模型，实现以服务广大平台用户为主的平台化社会化商业模式，实现多样性需求的全过程大规模集成响应	个性化定制关键项
	50. 全员劳动生产率达到行业领先水平	一般项
	51. 万元产值综合能耗达到行业领先水平	一般项

第五章　数字化转型成熟度贯标实施流程

一、概述

数字化转型成熟度贯标以团体标准《数字化转型 成熟度模型》（T/AIITRE 10004—2023）为依据，引导制造业企业围绕数字化转型发展战略、新型能力、系统性解决方案、治理体系、业务创新转型这5个方面开展贯标。依据《数字化转型 成熟度模型》中各个评价域等级要求，以及企业贯标达标的程度与水平，划分出从1星～5星共5个星级，从而引导制造业企业逐级提升数字化转型水平。当前，《数字化转型 成熟度模型》的核心内容已上升为国家标准，相关国家标准已进入送审报批流程。

设置数字化转型指导委员会、数字化转型贯标工作委员会、数字化转型贯标专家委员会，对数字化转型成熟度贯标工作进行指导、监督与管理。数字化转型成熟度贯标推进工作组依据《数字化转型 成熟度模型》等标准，组织开展数字化转型成熟度标准宣贯、贯标实施与普及推广等工作。在贯标过程中，**贯标企业**是贯标的**主体**，**贯标咨询机构**是贯标的**"教练员"**，为企业提供全流程贯标咨询服务。数字化转型成熟度贯标总体流程主要分为**贯标启动、贯标实施和贯标星级评估**这3个阶段，如图5-1所示。

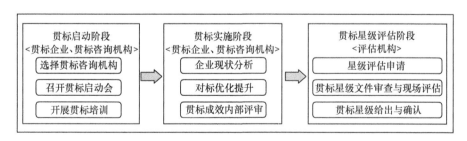

图5-1　数字化转型成熟度贯标总体流程

二、具体实施流程

企业数字化转型成熟度贯标实施流程主要分为贯标启动和贯标实施两个阶段。

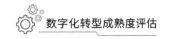

（一）贯标启动阶段

在贯标启动阶段，贯标企业需要选择贯标咨询机构、召开贯标启动会，并广泛开展贯标培训。首先，贯标企业可根据需要选择贯标咨询机构，辅导开展数字化转型成熟度贯标全过程工作。其次，贯标企业需要召开贯标启动会，面向企业高层和贯标相关部门，宣贯贯标价值意义、部署贯标工作安排、明确贯标任务分工。同时，贯标企业需要组织贯标培训，面向企业全员解读贯标标准内容、讲解贯标实施要求、剖析贯标难点重点，帮助企业全员深化标准理解、明确贯标目标、掌握贯标路径。

1. 选择贯标咨询机构

贯标企业应结合自身情况，选择自行开展贯标或聘请贯标咨询机构进行指导。

若需要聘请贯标咨询机构，贯标企业应结合自身数字化转型条件和贯标需求，充分评估贯标咨询机构的专业能力和职业素养，明确贯标企业数字化转型成熟度贯标所需要的咨询人员的数量、专业领域、技术技能、工作时长等要求，从而选择适宜的贯标咨询机构进行专业贯标咨询服务。

2. 召开贯标启动会

在贯标启动阶段，贯标企业应召开贯标启动会，将数字化转型成熟度贯标提升到企业战略层面。

贯标启动会的组织可围绕以下要点进行：

一是在企业范围内宣布贯标工作已经启动，起到宣传贯标的作用，营造贯标工作全员参与的氛围；

二是表达贯标企业的领导对贯标工作的支持，起到鼓舞士气的作用；

三是宣讲贯标的目标、范围、工作安排、任务分工；

四是强调贯标对企业发展的价值和意义，强调各种资源的保证，强调企业各部门必须鼎力支持；

五是宣布与数字化转型成熟度贯标相关的奖惩制度、考核制度等。

3. 开展贯标培训

在贯标启动阶段，贯标企业要开展企业级贯标培训。贯标企业可根据需求自行开展培训，也可依托所聘请的贯标咨询机构或其他外部专业机构开展培训。贯标培训应贯穿于企业贯标的整个过程，并持续开展不同层次、不同内容的培训。贯标培训一方面能使相关人员逐步理解、掌握并能熟练运用数字化转型成熟度模型相关标准的核心思想和关键要求，另一方面也是树立数字化转型思维和意识的重要一环。贯标企业应面向贯标全过程定制培训计划，明确培训的场次、主题、目的、对象、覆盖人数、时间等。相关培训应至少包括：数字化转型成熟度贯标培训宣贯、数字化转型成熟度模型相关标准解读培训、数字化转型成熟度贯标实施培训、数字技术技能培训、数字化转型成熟度内部评估员培训等。

（二）贯标实施阶段

贯标实施阶段主要包括企业现状分析、对标优化提升、贯标成效内部评审这3个环节。贯标企业需要先对照《数字化转型 成熟度模型》全面开展数字化转型现状分析，围绕发展战略、新型能力、系统性解决方案、治理体系、业务创新转型这5个方面梳理企业转型现状、差距和需求，明确拟定贯标的范围和等级。贯标企业还需要依据《数字化转型成熟度模型》中相应贯标等级的要求，确定贯标改进方向和提升要点，组织有关部门协同开展数字化转型优化提升。贯标完成后，企业需对贯标成效组织内部评审，重点审查贯标等级所对应的相关要求的完成情况和实现程度，判断是否能够进入后续的贯标星级评估阶段。

1. 企业现状分析

（1）梳理企业数字化转型现状

贯标企业应对照《数字化转型 成熟度模型》中的发展战略、新型能力、系统性解决方案、治理体系、业务创新转型这5个方面，对自身数字化转型现状进行充分调研和系统梳理。

（2）定位自身数字化转型成熟度星级

贯标企业应根据现场调研评估的发现，依照数字化转型成熟度星级要求，从企业当前转型的广度和深度出发，系统分析企业数字化转型的成熟度，明确定位企业基本符合或接近的成熟度星级（1星～5星）。

（3）确定贯标目标星级

贯标企业在对自身数字化转型现状梳理和成熟度星级定位的基础上，明确数字化转型成熟度贯标的目标星级，从而找准后续对标优化提升工作的方向和路径。

➢ 若企业数字化转型的成熟度基本符合某一星级要求，则可将该星级作为贯标目标星级，围绕该星级在发展战略、新型能力、系统性解决方案、治理体系、业务创新转型等方面的要求，进行查漏补缺，开展优化提升工作。

➢ 若企业数字化转型的成熟度已接近更高星级要求，也可将该星级作为贯标目标星

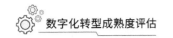

级，围绕更高星级在发展战略、新型能力、系统性解决方案、治理体系、业务创新转型等方面的要求，找到贯标重点和提升路径，形成适宜的贯标优化提升方案。

2. 对标优化提升

（1）优化发展战略

在竞争合作优势方面，对标贯标目标星级要求，改进或提升贯标企业在成本、效率、质量等方面的内部竞争优势，以及在产品、业务、服务等方面的外部竞争优势。在业务场景方面，对标贯标目标星级要求，按需开展业务场景设计，明确业务场景范围，提升业务场景数字化水平。在价值模式方面，对标贯标目标星级要求，基于数字化能力提高业务活动的水平成效，优化价值分享模式，提升业务转型价值效益，拓展价值创造空间。

（2）提升新型能力

在与价值创造的载体有关的能力方面，对标贯标目标星级要求，通过资源整合和流程重构，改进或提升研发创新活动的感知、响应、执行、决策和迭代优化等方面的能力。在与价值创造的过程有关的能力方面，对标贯标目标星级要求，通过资源整合和流程重构，改进或提升生产运营活动的感知、分析、响应、执行、决策和迭代优化等方面的能力。在与价值创造的对象有关的能力方面，对标贯标目标星级要求，通过资源整合和流程重构，改进或提升用户服务的感知、分析、响应、执行、决策和迭代优化等方面的能力。在与价值创造的合作伙伴有关的能力方面，对标贯标目标星级要求，通过资源整合和流程重构，改进或提升供应链与产业链协同合作的感知、分析、响应、执行、决策和迭代优化等方面的能力。在与价值创造的主体有关的能力方面，对标贯标目标星级要求，通过资源整合和流程重构，改进或提升人才资源开发和知识赋能的分析、响应、执行、决策和迭代优化等方面的能力。在与价值创造的驱动要素有关的能力方面，对标贯标目标星级要求，通过资源整合和流程重构，改进或提升数据开发活动的感知、响应、执行、决策和迭代优化等方面的能力。

（3）优化系统性解决方案

在数据方面，对标贯标目标星级要求，从数据采集、数据集成与共享、数据应用等方面改进或提升数据管理能力。在技术方面，对标贯标目标星级要求，从硬件、软件、网络、平台等方面改进或提升技术集成应用能力。在流程方面，对标贯标目标星级要求，从业务流程优化和管控等方面推进业务流程重构。在组织方面，对标贯标目标星级要求，从组织设置、职能职责、人员配置等方面调整或优化组织结构。

（4）完善治理体系

在数字化领导力方面，对标贯标目标星级要求，改进或优化数字化领导水平提升机制、数字化战略制定与执行机制。在数字化治理方面，对标贯标目标星级要求，从数字化管理制度、数字化岗位设置、数字化资金投入、数据治理、信息安全等方面改进或优化数字化治理机制。在数字化组织方面，对标贯标目标星级要求，从数字化组织结构、数字化岗位职能职责、数字化协作体系等方面改进或优化数字化组织体系。在数字化管理方面，对标贯标目标星级要求，从数字化管理方式、数字化工作方式等方面改进或提升数字化管理能力。在数字化组织文化方面，对标贯标目标星级要求，从组织决策行为、数字化文化建设等方面改进或优化数字化组织文化。

（5）推进业务创新转型

在业务数字化方面，对标贯标目标星级要求，从产品创新、研发设计、生产管控、经营管理、用户服务等方面改进或提升业务活动规范化、信息化、数字化水平。在业务集成融合方面，对标贯标目标星级要求，从经营管理与作业现场活动、产品全生命周期、供应链与产业链等方面改进或提升业务协作水平。在业务模式创新方面，对标贯标目标星级要求，从网络化协同、服务化延伸、个性化定制等方面改进或提升业务运行和管理模式创新水平。在数字业务培育方面，对标贯标目标星级要求，从数据资源管理、数据资产化运营、数字业务服务等方面开展数字业务培育。

3. 贯标成效内部评审

一方面要开展贯标成效内部评估与改进。在完成对标优化提升工作后，贯标企业数字化转型成熟度内部评估员应对标贯标目标星级要求，围绕发展战略、新型能力、系统性解决方案、治理体系、业务创新转型这5个评价域，对企业数字化转型成熟度模型贯标成效进行全面评估，并对尚未达到目标星级要求的方面进行改进，以达到目标星级。**在发展战略评价域，**贯标企业应围绕竞争合作优势的分析与提升能力、业务场景的设计水平、价值模式的构建和效益创造等方面，评估贯标企业的竞争合作优势、业务场景、价值模式是否达到对应的贯标目标星级要求。**在新型能力评价域，**贯标企业应围绕研发创新活动、生产运营活动、用户服务、供应链与产业链协同合作、人才开发和知识赋能、数据开发活动等方面，评估贯标企业与价值创造的载体、过程、对象、合作伙伴、主体、驱动要素有关的能力是否达到对应的贯标目标星级要求。**在系统性解决方案评价域，**贯标企业应围绕数据管理、技术集成应用、业务流程优化和管控、职能职责设计与人员配置等方面，评估贯标企业涵盖数据、技术、流程、组织等的系统性解决方案应用实施是否达到对应的贯标目标星级要求。**在治理体系评价域，**贯标企业应通过对企业数字化领导水平、数字化管理制度、数字化协作体系、数字化管理方式、数字化文化建设等方面，评估企业数字化领导力、数字化治理、数字化组织、数字化管理、数字化组织文化等是否达到对应的贯标目标星级要求。**在业务创新转型评价域，**贯标企业应在业务数字化水平、业务协作水平、业务运行和管理模式创新水平、数字化资产运营等方面，评估企业业务数字化、业务集成融合、业务模式创新、数字业务培育等是否达到对应的贯标目标星级要求。

　　另一方面贯标企业要做好星级评估准备。贯标企业应结合数字化转型成熟度贯标成效的内部评估发现和整改情况，综合判断贯标企业是否具备申请相应星级的条件，并做出是否申请的决策。同时，贯标企业应提前对接评估机构，熟悉数字化转型成熟度星级评估的要求、方法和程序，并按要求准备相关申请材料和证明文件，提高通过贯标目标星级评估的可能性。

第六章 数字化转型成熟度贯标评估服务方法

一、数字化转型成熟度贯标星级评估流程

企业按要求提交星级评估申请，评估机构根据企业的申请材料，初步判断企业数字化转型成熟度是否符合所申请评估星级的要求，进而做出是否受理评估申请的决定。受理评估申请后，评估机构按照企业所申请的评估星级要求，组织专家开展文件审查和现场评估工作，并将推荐性结论和有关材料提交至专家委员会进行专家综合评审，具体流程如图 6-1 所示。

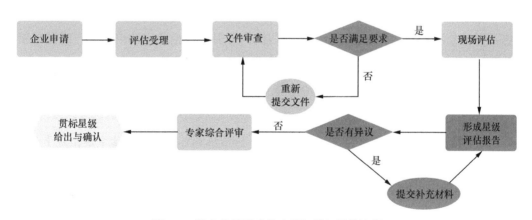

图6-1 数字化转型成熟度贯标星级评估流程

（一）企业申请

企业根据实际情况如实填写数字化转型成熟度贯标星级评估申请表，正式提出星级评估申请，并按要求准备数字化转型成熟度贯标星级评估申请材料。

数字化转型成熟度贯标星级评估申请表的主要内容如下。

➢ 企业基本信息：企业财务状况及效益、业务情况、组织架构、部门职责等。

➢ 星级评估申请基本情况：确定企业申请评估的星级及类型、评估范围（所涉及的场所、人数、职能、业务等）。

135

➢ 企业数字化转型成熟度现状及成效介绍：介绍企业数字化转型现状，以及发展战略、新型能力、系统性解决方案、治理体系、业务创新转型这 5 个评价域的具体情况。

➢ 企业声明：企业自愿申请数字化转型成熟度贯标星级评估服务，包括对材料真实性、完整性的承诺。

➢ 提交附件：企业相关法人资格证明、管理体系及相关资质、自主知识产权、标准制定等证明材料。

（二）评估受理

评估机构按照企业提交的数字化转型成熟度贯标星级评估申请表，了解企业的基本情况和数字化转型现状，初步判断企业的数字化转型成熟度是否符合企业所申请评估星级的相应要求，并做出是否受理评估申请的决定。

首先，评估机构结合企业提交的申请表，初步了解企业概况、主营业务、评估范围与申请评估的星级，围绕企业发展战略、新型能力、系统性解决方案、治理体系、业务创新转型这 5 个方面初步了解企业数字化转型现状。

其次，评估机构可与企业沟通，进一步了解企业的数字化转型成熟度。对于申请表信息不明确、不规范、不全面的企业，评估机构可引导该企业完善申请表，或提交相应的补充材料。

最后，评估机构给出是否受理该企业申请的成熟贯标度星级评估的决定。

对于具备开展相应星级评估工作的企业，评估机构可受理其评估申请，着手开展文件审查和现场评估工作。

对于不具备开展相应星级评估工作的企业，评估机构可引导企业按要求调整所申请的评估星级并重新提交申请表，或做出不受理评估申请的决定。

（三）文件审查

评估机构应组建评估工作组，指导企业按照其申请的评估星级相对应的文件审查清单，整理并提交必要的数字化转型成熟度证明文件资料，并组织专家依据企业所申请评估星级的相应要求开展文件审查工作。

首先，评估机构依照企业申请的评估星级，组建评估工作组，并将相应星级的数字化转型成熟度贯标评估文件审查清单发送至企业，督促企业整理并提交必要的数字化转型成熟度证明文件资料。

其次，企业依照相应星级的文件审查清单，梳理并提交必要的数字化转型成熟度证明文件，例如，数字化转型战略规划、典型新型能力建设执行及成效证明文档、关键软硬件部署方案和运行成效、数字化人才岗位设置与激励措施、新业务新模式运营情况及成效等。

最后，评估工作组依据企业所申请评估星级的文件审查要求，对企业所提交的数字化转型成熟度证明文件资料进行文件审查，判断企业是否满足接受现场评估的基本条件，进而为后续现场评估工作做好准备。

> 通过文件审查，评估工作组判断企业是否满足接受现场评估的基本条件：**对于满足条件的企业**，对接企业制订现场评估计划，着手准备现场评估工作；**对于不满足条件的企业**，应根据企业数字化转型成熟度的实际情况，指导企业补充提交反映申请星级和类型要求的证明文件资料，或调整申请星级或类型。

（四）现场评估

评估工作组依据企业所申请评估星级的相应要求，制订现场评估计划并组织开展现场评估工作，根据现场评估发现，形成企业数字化转型成熟度贯标星级的推荐性结论，并给出改进优化建议。数字化转型成熟度现场评估阶段的整体流程如图 6-2 所示。

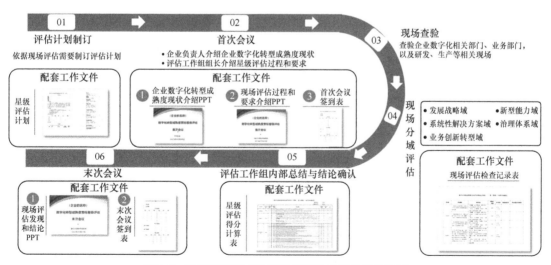

图6-2 数字化转型成熟度现场评估阶段的整体流程

1.评估计划制订

依据现场评估需要制订评估计划，用于规划现场评估阶段的整体任务安排。

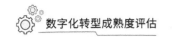

2. 首次会议

首次会议主要包括企业负责人介绍企业数字化转型成熟度现状，以及评估工作组组长介绍星级评估过程和要求两个部分。

（1）企业数字化转型成熟度现状

包括企业数字化转型基本情况、数字化转型成熟度评估申请基本信息（评估范围、申请评估星级等）、数字化转型成熟度具体情况、星级现场评估工作安排等。

（2）星级评估过程和要求

包括评估目的、评估依据、评估工作组人员构成等基本情况，现场评估计划安排，保密性承诺，以及其他情况介绍。

3. 现场查验

查验企业数字化相关部门、业务部门，以及研发、生产等相关现场。

4. 现场分域评估

评估工作组对照企业所申请评估星级的相应要求，通过文档查看、系统演示、人员访谈等方式，围绕发展战略、新型能力、系统性解决方案、治理体系、业务创新转型这5个评价域开展现场评估工作，评估企业数字化转型成熟度能否达到其申请的评估星级。

（1）发展战略

包括但不限于：与企业竞争合作优势、业务场景、价值模式相关的文档查看和人员访谈。

（2）新型能力

包括但不限于：与企业研发创新、生产运营、用户服务、产业链与供应链合作、人才开发和知识赋能、数据开发等能力相关的文档查看、系统演示和人员访谈。

（3）系统性解决方案

包括但不限于：与企业实施涵盖数据管理、技术集成应用、业务流程重构和组织结构优化等系统性解决方案相关的文档查看、系统演示和人员访谈。

（4）治理体系

包括但不限于：与企业数字化领导力、数字化治理、数字化组织、数字化管理和数字化组织文化相关的文档查看、系统演示和人员访谈。

（5）业务创新转型

包括但不限于：与企业的业务数字化、业务集成融合、业务模式创新及数字业务培育相关的文档查看、系统演示和人员访谈。

5. 评估工作组内部总结与结论确认

一方面，评估工作组召开内部会议，针对现场评估情况研讨相关问题，给出星级评估初步结论，具体如下。

➤ 围绕发展战略、新型能力、系统性解决方案、治理体系、业务创新转型 5 个评价域，梳理现场评估过程和发现。

➤ 评估工作组结合企业现场评估发现，研讨并给出数字化转型的优化建议。

➤ 初步给出企业数字化转型成熟度星级的推荐性结论。

另一方面，评估工作组与企业代表确认评估范围、推荐性结论及相关问题清单，具体如下。

➤ 与企业代表确认数字化转型成熟度贯标星级评估范围。

➤ 与企业代表就数字化转型成熟度贯标星级的推荐性结论和相关整改问题达成一致。

6. 末次会议

末次会议主要由评估工作组组长介绍评估整体情况、评估过程发现、结论与建议等。

（五）专家复核

评估机构组织有关专家，针对企业提交的数字化转型成熟度贯标星级评估报告及相关评估材料进行评审，综合判断企业数字化转型成熟度贯标星级，以及评估机构评估过程和活动的规范性和公正性，并就企业数字化转型成熟度贯标星级给出专家结论。

二、数字化转型成熟度贯标星级评估方法

（一）文档查看

1. 发展战略

对照企业所申请评估星级的发展战略评价域的评估要点，重点查看企业发展战略及其审批记录、数字化转型战略规划及其审批记录、数字化转型总体架构及发展蓝图，业务场景设计及实施方案等文档。

2. 新型能力

对照企业所申请评估星级的新型能力评价域的评估要点，重点查看企业的产品创新和研发设计能力、生产与运营管控能力、用户服务能力、供应链与产业链协同合作能力、

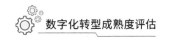

人才开发和知识赋能能力、数据开发能力等新型能力的建设执行及成效等文档。

3. 系统性解决方案

对照企业所申请评估星级的系统性解决方案评价域的评估要点，重点查看企业设备台账，数据采集、集成、共享记录，以及主要业务流程文件、职能职责调整和相关人员配置记录、关键软硬件部署方案和运行日志等文档。

4. 治理体系

对照企业所申请评估星级的治理体系评价域的评估要点，重点查看企业管理层的培训记录、数字化领导机构组成证明文件、战略规划落实的监控记录、数字化资金使用计划与资金拨付记录、数字化人才岗位设置与激励方案，以及企业价值观、远景目标等文档。

5. 业务创新转型

对照企业所申请评估星级的业务创新转型域的评价要点，重点查看企业的业务模式设计方案及运营情况文件、财务报表、能源统计台账等文档。

（二）系统演示

1. 新型能力

对照企业所申请评估星级的新型能力评价域的评估要点，重点查看企业的产品创新和研发设计、生产与运营管控、用户服务、供应链与产业链协同合作、人才开发和知识赋能、数据开发相关的数据采集及分析过程，以及模型建设、复用、调用过程赋能业务过程的模拟演示等。

2. 系统性解决方案

对照企业所申请评估星级的系统性解决方案评价域的评估要点，重点查看企业研发、生产、用户服务、经营管理等板块的相关系统演示，业务流程管控相关系统演示，信息模型运行过程演示，以及系统间数据交换、集成过程模拟演示等。

3. 治理体系

对照企业所申请评估星级的治理体系评价域的评估要点，重点查看企业战略管理系统、OA 系统、知识管理系统演示，以及核心数据、技术、网络、平台等的安全防护过程的模拟演示等。

4. 业务创新转型

对照企业所申请评估星级的业务创新转型评价域的评估要点，重点查看企业研发设计工具、生产制造系统、经营管理系统、供应链管理系统、财务管理系统、产品全生命周期管理系统等的应用演示，以及网络化协同、服务化延伸、个性化定制相关业务系统的模拟演示等。

（三）人员访谈

1. 发展战略

对照企业所申请评估星级的发展战略评价域的评估要点，重点与企业管理层、战略部门、数字化部门负责人进行访谈。

2. 新型能力

对照企业所申请评估星级的新型能力评价域的评估要点，重点与企业数字化部门及相关业务部门负责人等进行访谈。

3. 系统性解决方案

对照企业所申请评估星级的系统解决方案评价域的评估要点，重点与企业数字化部门及相关业务部门负责人等进行访谈。

4. 治理体系

对照企业所申请评估星级的治理体系评价域的评估要点，重点与企业管理层、人力资源部门、财务部门及相关业务部门负责人等进行访谈。

5. 业务创新转型

对照企业所申请评估星级的业务创新转型评价域的评估要点，重点与企业管理层、产品研发部门、生产部门、经营管理部门、用户服务部门、供应链管理部门负责人及其业务数字化相关人员等进行访谈。